ビジュアルで"買いたい"をつくる!

Instagram 集客・販促ガイド
インスタグラム

株式会社ミンツプランニング代表取締役社長
金本かすみ 著

はじめに

● 最強のマーケティングツールInstagram

　2014年頃から、「Instagramやってる？」という言葉をよく耳にするようになりました。はじめは「写真をおしゃれに加工するだけのアプリかな？」程度の感覚でしたが、ブログより簡単に発信することができ、情報収集もできる。ユーザー同士で簡単にコミュニケーションを取ることもできるといったことから、瞬く間に広がり、多くの人が暇さえあればInstagramをチェックするようになりました。

- Instagramで見つけた、かわいくておしゃれな商品を買いたい
- Instagramで話題のあの子が行っていた、あの場所に行きたい
- 検索するなら、まずInstagram
- インスタ映えするカフェに行って、アップしたい

　多くの人にとって、Instagramは革命的なSNSでした。
　何が革命的かというと、今までは雑誌やテレビで気になるアイテムを見つけると、それをGoogleで検索して購入していました。しかし、今ではInstagramで発見したものを、もしくは気になったものをInstagramで検索して購入するようになりました。つまり、Instagramが最強のマーケティングツールになっているということです。

● 本書の内容

　本書では当社がこれまで手掛けてきた多くの実績データをもとに、Instagramにおいてユーザーから愛されるクリエイティブやキャンペーン設計がどういったものであるのか、そしてユーザーに届けるためのインフルエンサー起用方法、広告運用のhow toも紹介します。
　多くのユーザーからブランド認知を得たい企業の広報担当の方はもちろん、個人でInstagramを活用して自分自身のブランド力を高めて集客につなげたいフリーランスの方、アパレル関係の方、インフルエンサーを目指す方にも参考にしていただけるさまざまな方法を紹介しています。

これからInstagramのアカウントを作る意味や基礎知識を一から知りたいという方でも、1冊読み終えた頃にはInstagramの楽しさと本質を理解した上で運用していただけるよう、コンテンツ制作のhow toやInstagramを活用してビジネス展開されている方のインタビューも掲載しています。

　Instagramをはじめ、SNSを使用したマーケティングで忘れてはいけないことは、SNSが「ユーザーの場所である」ということです。最近ではフォロワー数やエンゲージメント数のみでInstagramマーケティングを判断される方も多くいらっしゃいますが、それらは一種の指標でしかありません。高速フリックの中でも目にとまるような、「ユーザーから愛される企画」を作ることができるかが世の中のトレンドを生み出すキーポイントであると考えています。

　本書を活用し、ユーザーから愛される企画を生み出してみてください。Instagramを活用し、世の中にたくさんのトレンドを生み出す、トレンドセッターの皆様のお手伝いとして、本書が役立てば幸いです。

CONTENTS

はじめに ……………………………………………………………………………………… ii

Chapter 1
最強のマーケティングツールInstagram

01 Instagramユーザーの気持ちを理解する …………………………………… 002
目的地を探すため、ハッシュタグ検索機能を使う　002

02 データで見るInstagramが起こす消費行動 ……………………………… 005
多くの女性がInstagramをきっかけに商品を購入している　005

03 Instagram時代の消費行動モデル「CREEP」 …………………………… 013
Instagramについて考える上での最重要キーワード「CREEP」　013
C：「Chill out」（だらだらタイム）　013
R：「Relevance」（自分ごと）　014
E：「Evoked Set」（選択肢化）　014
E：「Experience」（体験する）　015
P：「Post」（投稿する）　015

04 その他のSNSツールとの比較 ……………………………………………… 016
Instagram：視覚的な訴求でブランディングを構築できる　016
Facebook：記事コンテンツとの相性が良くビジネスで活用されやすい　016
Twitter：気軽にリツイートが可能。想像以上の拡散が見込める　017

Chapter 2
Instagramのアカウントを作ってみよう

01 基本設定とアカウントの作り方 …………………………………………… 020
アカウントの登録　020
アカウントの情報を入力する　020
Instagramアカウントの登録の手順　021

02 「プロフィール」と「アカウントテーマ」の決め方 ……………………… 023
「プロフィールを編集」画面を理解する　023

03 写真の投稿方法 ……………………………………………………………… 026
写真の投稿手順　026
フィルターを調整して写真を加工する　028
会話をしているようなキャプションで親近感を持ってもらう　028

04 ハッシュタグを付けて、ユーザーからの検索対象になろう ……………… 030

ハッシュタグはユーザーとのつながりを作る要素を持っている　030
毎日検索されているハッシュタグを選定する　031
コミュニティに強いハッシュタグを利用する　032
ハッシュタグを使用するときに使えるツール　032
ジオタグを付けて近くにいるユーザーとつながろう　033

Chapter 3

戦略的にスタート！ 公式アカウントを運用しよう

01 Instagramで公式アカウントを運用する理由 ………………………………… 036

ブランディングの構築と向上を図る　036
ユーザーとのタッチポイントを増やす　037

02 公式アカウント運用前に決めておくこと ………………………………………… 039

公式アカウント運用前に決めておくべき4つの事柄　039
ペルソナを設定する　039
ブランドコンセプトを設定する　040
目標（KPI）を設定する　040
運用ルールを設定する　042
運用を振り返り、次の施策に活かそう　042

03 ビジネスプロフィールを立ち上げる …………………………………………………… 044

ビジネスプロフィールで利用できる機能を把握する　044
ビジネスプロフィールへの変更方法　044

04 インサイトを活用し、反響の高い投稿を目指す ……………………………… 047

インサイトの活用でタイムリーなコンテンツを提供する　047
インサイトの確認方法　049
ストーリーズからのインサイトを見る　050

05 フォロワーを獲得する ……………………………………………………………………… 052

積極的なアクションでコミュニケーションを取る　052
位置情報を追加する　052
ユーザーにメンションを付けて投稿してもらう　053
親しみやすいハッシュタグを決める　053

06 Shop Nowで直接商品の購入を促す ………………………………………………… 054

Shop Nowの機能とは？　054
Shop Nowを利用するためには？　054

Chapter 4

思わず指が止まる！
Instagram流"おしゃれ写真"を演出しよう

01 ストーリーを的確に伝えられる写真で、ユーザーの共感を得る ……… 062
あえてきれいに並べずに日常生活の雰囲気を切り取る　062
バッグの中身を出して見せ、トンマナを合わせる　063
何品かまとめて撮影することで全体イメージを伝える　063
ファッションは単体よりコーディネートとして見せる　064
人の気配を入れて、自分自身もその中にいるような感覚を与える　065

02 構図とアングルを意識して、写真全体の雰囲気を上げる ………………… 066
平らに置けるものは真上から撮る　066
被写体を中央からずらしてメリハリを作る　066
斜めのラインを作りアイテムを並べる　067
S字やC字構図に配置する　068
三分割、または四分割の構図を意識する　068

03 素材や被写体の特徴が伝わる撮影テクニック ………………………………… 069
パッケージの中身を見せて、使っているときのおしゃれ感を演出する　069
手で持ち、実際に使っているイメージを連想させる　069
カラー展開のあるアイテムは中身を出して塗る　070
高さのある被写体はそれを活かした撮り方をする　071
人物を撮るときはカメラ位置を低くする　071

04 ちょっとした写真をよりおしゃれにできる！番外テクニック ……… 072
デザイン性のある床を背景に、足元を撮影する　072
壮大な景色を伝えるには写真に奥行きを出す　072
自撮りするより鏡に映った自分を撮るほうがおしゃれに　073
〈番外編〉おしゃれな壁前を知っていれば、クオリティはもっと上げられる！　073

05 写真の魅力を200%アップするおすすめアプリ ……………………………… 079
細かな修正を効かせて画像のクオリティを上げる　079
Instagramで大切な「色感」を操る　081
被写体をより魅力的に見せる変身アプリを利用する　084
プロフィール画面を操作しブランディングを徹底する　086

Chapter 5

動画の基本投稿とストーリーズの活用

01 通常の動画投稿 ……………………………………………………………………………… 090
Instagramで動画を投稿する　090

動画の基本的な撮影、投稿方法　090

02 ストーリーズの投稿 …………………………………………………………… 092
24時間でデータが消える動画　092
ストーリーズの基本的な撮影、投稿方法　093
ストーリーズの公開範囲　098
足跡機能で閲覧者を確認する　099
ストーリーズに寄せられたメッセージへの返信　100

03 ビジネスに活用可能！ ストーリーズのさまざまな機能 ………………… 101
ストーリーズステッカーを活用する　101
ハッシュタグ機能でリーチしやすいストーリーズを投稿する　102
ストーリーズのハイライトをアップする　113

04 動画配信ができるインスタライブとIGTV ……………………………… 118
IGTVとインスタライブ　118
Instagramライブ配信機能　118
IGTVを活用する　120

Chapter 6
ビジネスに活用！ マーケティング方法と広告運用

01 キャンペーンを設計し、ユーザーとのコミュニケーションとユーザーコンテンツを作る ………………………………………………………… 122
Instagramでのキャンペーン目的　122
リグラムキャンペーン　122
ハッシュタグキャンペーン　127
フォローアップキャンペーン　127

02 インフルエンサーを活用して、より多くの人の認知と共感を獲得する
……………………………………………………………………………… 129
インスタグラマーの起用方法　129
インスタグラマーの定量的分類　129
インスタグラマーの定性的分類　133

03 手軽な価格で多くの顧客を獲得できるInstagram広告 ………………… 137
Instagram広告の特徴　137
Instagramの広告料金　137
Instagram広告の作成方法　138
Instagram広告のクリエイティブの重要性　139
Instagram広告の種類別クリエイティブ　140

Chapter 7

思わず真似をしたくなる！ 公式アカウント活用事例

01 ファッション ……………………………………………………………………… 146
平行なクリエイティブで統一感を出す　146
小物を入れてコーディネートをより素敵に見せる　146
余白をきちんと作ることで、商品に集中させる　147

02 ヘアサロン、ネイルサロン ……………………………………………………… 148
少し引いて雰囲気のあるクリエイティブに統一する　148
ファッション誌のようなクリエイティブを作る　149
季節感がある素材を足してイメージを盛り上げる　149

03 ビューティー …………………………………………………………………… 150
デザイン性ある構図の簡単テクニックを使う　150
実際に中身を出して色味や質感を伝える　150
カラバリを見せて、小物を入れてメリハリを付ける　151
ビジュアルで徹底したブランドイメージを演出する　152

04 ライフスタイル、インテリア ………………………………………………… 153
人の気配を入れて、使用イメージを持たせる　153
スライドに使用例のバリエーションをすべて詰め込む　153
スタッフの声を掲載してユーザーと距離を縮める　155
商品明細をフォローし、購入の導線を明示する　156

05 グルメ …………………………………………………………………………… 157
自宅の食卓を彩るイメージで商品購入に導く　157
写真では伝わらない情報をキャプションに盛り込む　158
動きのある写真でただのメニューに見せない　159
ユーザーの投稿をリグラムしてバリエーションを増やす　160

Chapter 8

Instagramをフル活用！ インフルエンサー Interview

@moyamoya2121 …………………………………………………………………… 162
@sakiiiya ……………………………………………………………………………… 164
@kumi511976 ………………………………………………………………………… 166
@nosekoji ……………………………………………………………………………… 168
@furuzyo ……………………………………………………………………………… 170

おわりに ………………………………………………………………………………… 172
ご協力いただいたアカウント一覧 …………………………………………………… 175
INDEX …………………………………………………………………………………… 176

Chapter 1
最強のマーケティングツールInstagram

Instagramのアカウントを開始するにあたって、なぜInstagramが最強のマーケティングツールになり得るのか、データをもとに見ていきましょう。実際に運営する前に知っておくと役に立つ情報です。

01 Instagramユーザーの気持ちを理解する

Instagramを含むSNSを使ったマーケティングを行う上で一番重要なのは、そこにいるユーザーの気持ちを理解し、ユーザーの視点を持つことです。まずはユーザーの行動の一連の流れを参考に考えましょう。

■ 目的地を探すため、ハッシュタグ検索機能を使う

　Instagrmを利用しているユーザーは、どのようにしてこれを活用しているのでしょうか。ひとつの例として、海外旅行をする際の活用の仕方を見てみます。

　まず、次の旅行先がシドニーに決まったユーザーが「シドニーで良さそうなホテルを検索」するとします。Instagramを開き、虫めがねのアイコンがある検索バーに「#sydneyhotel」と入力。検索対象を「タグ」に合わせます。次に、「こんな写真が撮りたいから、ここのホテルに泊まってみたい」という写真を見つけます。

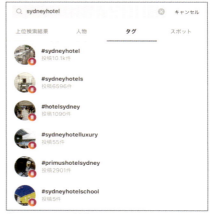

「#sydneyhotel」で検索した画面

「#sydneyhotel」で検索した際のホテルの画像

Chapter 1　最強のマーケティングツールInstagram

　写真に付いている位置情報とハッシュタグから、ホテルの詳細をチェックします。この行動によってどんなホテルなのか、どんな写真が撮れるのか、を検索することができます。

写真に付いている位置情報とハッシュタグからホテルの詳細情報をチェック

ホテルのInstagram公式アカウントを検索し、そこから予約します。

ホテルの公式アカウントから予約する

003

予約が完了し、実際に現地に行き撮影したのが左下の写真です。Instagramを利用して検索し、実際に宿泊した部屋で撮影したバスルームの一角です。この写真をスマホアプリで加工し、Instagramっぽく仕上げて投稿します（右下写真）。

〈before〉

〈after〉

　窓枠と画角が平行になるように意識し、中央に人物を配置してバランスを取って撮影しています。そこにChapter 4の05で紹介する「VSCO」と「Adobe Photoshop Fix」「Touch Retouch」の3つのアプリを利用して加工を開始します。

　まず「Photoshop」で朝焼けの色味が出るように、写真全体を明るくし、鮮明度を上げるよう調整。「VSOC」のA6フィルターを使用し、アナログフィルムのような雰囲気を演出。また、「Touch Retouch」のアプリで、壁の中央にあるハンガーを削除し、すっきりと見せました。

　このようにInstagramを使えば、現地に行かなくても、ネットで細かく検索しなくても、イメージに近い景色が広がるホテルを見つけ、予約し、おしゃれな写真を撮って投稿するところまで可能となります。

　ユーザーの気持ちを理解し、アプリを利用して仕上げたクリエイティブを投稿することで、その投稿を見たユーザーにも影響を与えることができます。

　まずはこのようなユーザーの一連の流れを把握しておきましょう。

Chapter 1　最強のマーケティングツールInstagram

02 データで見るInstagramが起こす消費行動

今の時代、多くの女性がInstagramをきっかけに消費行動を起こしています。ここでは、各種データから、Instagramが持つ影響力を見ていきます。

多くの女性がInstagramをきっかけに商品を購入している

　史上最速で進化を遂げるプラットフォーム「Instagram」。2015年9月、全世界で4億人、日本国内で810万人だったInstagramのユーザー数は2018年11月現在、全世界で10億人を超え、日本国内でも2,900万人を突破しました。

　Instagramの公式アカウント（ビジネスアカウント）を開設した企業は、全世界で1,500万社、国内では1万社を超え、ユーザー数の拡大に伴い、アクティブユーザーに対するマーケティング施策が企業にとって重要になっています。

　2018年に筆者が代表を務める株式会社Mint'z Planningが実施したアンケートによると、10代から30代女性が**Instagramをきっかけとして商品購入や検索行動、来店など何かしらの消費行動を起こしている**ことがわかっています。

　以下では、Instagramが女性の消費行動に与える影響をデータから見ていきます。

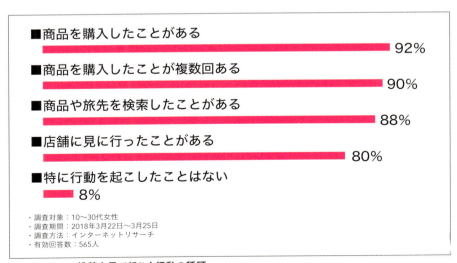

▲Instagramの投稿を見て起こす行動の種類

1時間に1回はInstagramを閲覧している

　Instagramを利用する10～30代の女性107名を対象に行ったアンケートによると、「1日に何回Instagramを開きますか？」という質問に対して、「1日10回以上」との回答が大半を占めています。このことから、多くの女性が頻繁にInstagramを閲覧していることがわかります。

　1日24時間のうち、活動時間が1日16時間だとすると、約1時間に1回Instagramを見ていることになります。もはやInstagramは、利用している女性にとって**生活の一部**になっているといえるのです。

　以前に比べ、さまざまな新しいサービスが開始され、Instagramはフィードの写真をチェックするだけのコンテンツではなくなりました。24時間限定で配信される「ストーリーズ」や生放送のユーザー参加型動画コンテンツ「ライブ機能」、そしてショッピング機能が付いた「Shop Now」など、ユーザーをさらに夢中にさせる新しいSNSサービスへと変化を続けています。

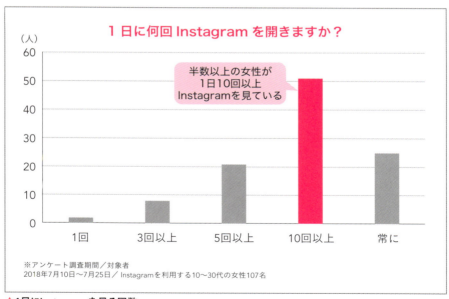

▲1日にInstagramを見る回数

いつでもどこでも見られている

これまでInstagramは、昼休みや通勤時間のタイミングで見ている人が多いことから、プロモーションや公式アカウントの投稿も12〜13時や18〜20時に設定していることが多かったです。

しかし、アンケート調査によると、Instagramは今では昼休みや通勤時間だけでなく、トイレに行くタイミングやカフェでメニューが来るまでなど、ちょっとした隙間時間によく見ていることがわかります。これは、Instagramの表示ロジックが時間軸ではなくなったことが原因として考えられます。

このように暇さえあればInstagramを見ていることから、フォローしているアカウントがいつ投稿するかよりも、**どのような中身であるか**が問われています。

以上のことからInstagramで広告を配信するならば、配信する時間帯に気を付けるのではなく、**配信するクリエイティブそのもののクオリティを上げる**必要があります。

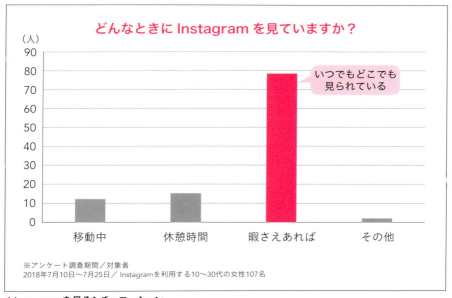

▲Instagramを見るシチュエーション

多くの人がInstagramをきっかけに商品を購入している

　同アンケートにおいて、「Instagramを見て商品を購入したことがありますか？」という質問には、92％もの人が「はい」と回答しています。その消費意欲をきっかけにユーザーが購入した商品はさまざまと思われますが、広告でない通常投稿も購買行動へとつながっていることは確かです。

　この結果からわかるように、Instagramは消費者の購買意欲を刺激する効果があるといえます。雑誌やテレビなどのマスメディアが発信した情報は多少なりともタイムラグが生まれる一方、Instagramは"今"の情報が手に入ります。

　通常の広告やマスメディアの発信は"他人事"として捉えがちですが、ユーザー一人一人が作り上げているInstagramでは、インフルエンサーの投稿や身近な人の投稿、企業の投稿が**"自分ごと"化しやすい**ことがわかります。

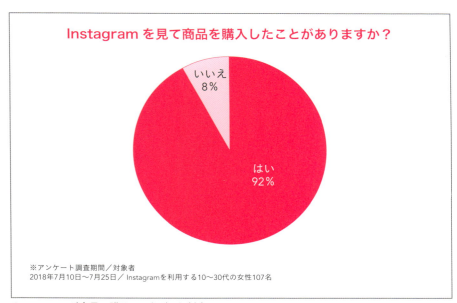

▲Instagramが商品の購入につながった割合

多くの女性がフォローしているアカウントとは？

情報があふれている今、ユーザーは自分から情報を選びにいきます。特に興味がある分野やInstagramとの相性もありますが、下記アンケートからもわかるように、ユーザーの興味・関心を知ることで、女性に人気のアカウントは「ファッション」「コスメ」「美容」という、美意識に関するジャンルが上位を占めました。たとえば、「旅」をメインとするアカウントの中に、ファッション性を取り入れたクリエイティブを提案し、おしゃれな旅行のプランを配信するなど、**まったく別の業態の公式アカウントであっても、こういった別ジャンルの視点を入れた投稿をする**ことで、ユーザーの興味・関心を惹くことができるでしょう。

「ファッション」「コスメ」「美容」に関するアカウントは、女性をターゲットにしたアカウントを運営する上で押さえておきたいジャンルであることを覚えておくと良いでしょう。

▲フォローしている公式アカウント

公式アカウントも消費行動に結びついている

　公式アカウントとなると、先ほどの結果よりも少し割合は下がりますが、アンケートによると7割強のユーザーが「公式アカウントを見て商品を購入したことがある」と回答している結果が出ています。この結果からわかるように、Instagramを通して女性の消費者は購買欲が動かされています。公式アカウントを運営するにあたって、ブランディングを組み立てていくことが大切です。

　公式アカウントを使って**自社のブランドをしっかりとユーザーに伝えていくと同時に、ユーザーとの接触回数を増やす場所**として、Instagramは非常に重要なツールになっていることがわかります。なお、公式アカウントの運用についてはChapter 3で詳しく解説します。

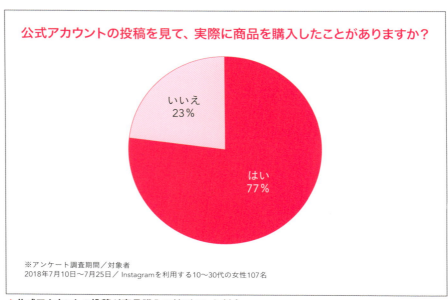

▲公式アカウントの投稿が商品購入に結びついた割合

商品購入前にハッシュタグ検索

「商品購入の際にInstagramの口コミを参考にしたことがありますか？」という問いに、9割近いユーザーが「はい」と回答しています。

このアンケート結果でわかるように、Instagramを見て商品を購入する際には商品名などのハッシュタグ検索をするなど、**他のユーザーの評価を参考にする**ことは、ユーザーにとって当たり前となっています。

通常の口コミサイトと違い、そのユーザーが普段からどのような写真を投稿しているか、ユーザーの趣味嗜好をアカウントから知るなどして、ユーザーの特性を理解した上で口コミを見ることができるので、よりリアルに感じる評価であるといえます。

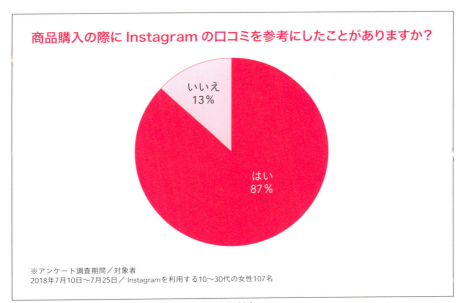

▲商品購入の際にInstagramの口コミを参考にした割合

Instagram広告の効果

アンケート結果からわかるように、通常の広告はいうに及ばず、それ以外の記事なども飛ばし見されている中で、Instagramの広告には8割を超えるユーザーが興味・関心を持っています。

Instagram広告は、高速フリックをしてもユーザーの視界に入り認識されるものです。したがって、Instagram上での広告は、その高速フリックの中で**いかにしてユーザーの目にとまるか**、そしてそこから**いかにして購入へとつなげるか**が重要になってきます。そのためには、「ユーザーに愛される広告」を作る必要があります。

また、インフルエンサーによるPRについても、ユーザーはもはやその投稿がPRであると理解しています。しかしながら、たとえPRであっても、ユーザーの心に響く投稿をすることができれば、購入へとつなげることが可能です。

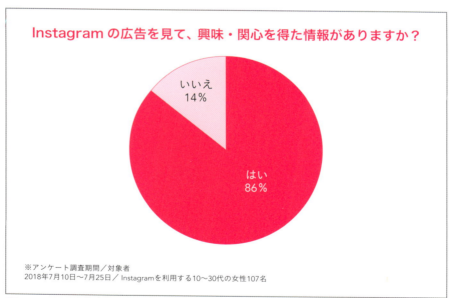

▲Instagramの広告を見て、興味・関心を得た割合

以上のように、公式アカウントやInstagramの広告は、ユーザーへの購買促進に大いに寄与しているのです。

03 Instagram時代の消費行動モデル「CREEP」

ここでは、Instagram時代の消費行動について説明します。なぜInstagramが消費行動に直接的な効果を及ぼすことができるのかを知ることで、Instagramビジネスの理解に一歩近づくことができます。

Instagramについて考える上での最重要キーワード「CREEP」

生活者の消費モデルは時代と共に変化します。ユーザーが情報接触する媒体がマスメディアの時代からインターネットの時代へと移り変わり、そこからソーシャルメディア時代へと移行しました。生活者の商品に対する接触頻度や態度、購買行動のプロセスにおいても変化が起きています。

そうした時代の中で、Instagramについて考える上で重要なキーワードが「**CREEP（クリープ）**」です。これはトライバルメディアハウスの社長、池田紀行氏が提唱した概念で、具体的な内容は次のようになります。

C：「Chill out」（だらだらタイム）
R：「Relevance」（自分ごと）
E：「Evoked Set」（選択肢化）
E：「Experience」（体験する）
P：「Post」（投稿する）

なお、CREEPモデルは、比較的高価格、高関与、中長期的な比較検討期間がある買回商材や専門品を対象としています。飲料や食品、日用品などの最寄り品には必ずしも当てはまりませんので、注意してください。

それでは、それぞれについて詳しく見ていきましょう。

C：「Chill out」（だらだらタイム）

私たちは「何かをしよう！」という明確な目的を持たずにスマホを開き、Instagramを閲覧します。1回当たりの時間は短かったとしても、この何てことの

ない時間の回数は多く、1日に何度もInstagramを開くことで、多くの時間が消費されています。そのような時代なので、Instagram閲覧時のフリックスピードも超高速(0.3〜0.8秒)です。そのため、**画像が少なくて文章が長い「複雑なコンテンツ」**はInsagramには不向きとされています。

R:「Relevance」(自分ごと)

何も考えずにスマホをいじっているユーザーの興味を惹くために、どのような情報だと指が止まらないのかを理解する必要があると前述の池田氏は述べます。

ユーザーは記事やコンテンツ、興味のある写真に指を止めるため、単なる広告として打ち出すのではなく、**クリエイティブで興味を惹き、PRへと促すことに**重点を置く必要があります。広告のほとんどを自分に関係しないもの、つまり「他人事」と捉える時代の中で、どこでも周りが話題にしていることが**いかに自分ごととして捉えられているか**に注目しましょう。

E:「Evoked Set」(選択肢化)

これは、一言で表すと「選択肢化」です。人は商品やサービスの購入を検討するときに、自分の好きなものや興味・関心のあるものの中から検討をします。このとき、消費者の選択肢の中にあなたの会社の商品が入っていないと、そもそも検討されることもありません。

また、購入してもらおうと繰り返しキャンペーンを行うと、かえってブランド価値が毀損するといったデメリットが起こる可能性もあります。

そこで大事にされているのが、同じく池田氏が唱えた**「RFE」**の考えです。これは、

R:「Regency」(最近いつ接触することができたか)
F:「Frequency」(どのくらいの頻度で接触することができているか)
E:「Engagement」(感情的な結びつきを深められているか)

を表したものです。

分散化が進んだメディア環境においては、定期的に消費者に自社のオウンドメディアを訪れてもらうことが困難になってきています。そのため、消費者が1日の多くの時間を費やすSNSという場所を接触の機会として捉え、そこで**感情的な結びつきを図る**ことが必要になります。

```
C ⇒ R ⇒ E ⇒ E ⇒ P
Chill out   Relevance   Evoked Set   Experience   Post
だらだらタイム  自分ゴト    選択肢化      体験する      投稿する
```

▲Instagram時代の消費行動モデル

E：「Experience」（体験する）

消費行動がついに実現するときです。体験したいことは商品でもサービスでもなく、**魅力的なストーリー（文脈）のある体験**です。

ユーザーが"今"体験したいことは何か。企業のPRしたい訴求ポイントとユーザーが体験したいことをいかに融合できるかが重要なポイントとなります。

P：「Post」（投稿する）

SNSに投稿することは共有（シェア）したいという思いではなく、自分がアップしたいと思うただの投稿にすぎません。Instagramの投稿は「推奨」することではなく、「**影響を与えること**」に重きが置かれています。

04 その他のSNSツールとの比較

Instagram以外で代表的なSNSというと、FacebookやTwitterが挙げられます。それらのユーザーの特性を理解することで、Instagramの重要性や活用術も把握することができます。

Instagram：視覚的な訴求でブランディングを構築できる

　Instagramは画像でユーザーに訴えかけることを第一とするため、視覚的な訴求が一番の特徴として挙げられます。公式アカウントで利用する際は、対象となる商品やサービスをより良く見せる画像（クリエイティブ）が欠かせません。

　また、下記で述べるように、リーチ率とエッジランクの上昇に重きを置き、長文の記事を掲載することで評価されやすいFacebookと、リツイート機能があるため拡散性が高く、ニュースや話題のトピックがリアルタイムで共有されるTwitterとは違い、Instagramでは憧れとなるブランディングの構築と参考になる画像が共感を呼び、人気のハッシュタグを付けて投稿することで多くの人に発見してもらえるため、配信コンテンツを使い分けることが重要です。

Facebook：記事コンテンツとの相性が良くビジネスで活用されやすい

　Facebookでは、「**リーチ率**」とリーチ率を高めるために重要となる「**エッジランク**」が重要となります。エッジランクとはタイムラインにそれぞれのユーザーの興味・関心に適した情報を表示するプログラミングです。エッジランクにより、投稿が時系列で表示されません。

　リーチ率を上昇させるためには、ユーザーのエンゲージメント獲得などエッジランクを高める施策が必要です。そのためには、多くの「いいね！」「コメント」「シェア」を獲得する必要があります。

　また、Facebookでは友達の投稿だけでなく、「いいね！」「コメント」「シェア」した情報がタイムラインに上がりやすく、多数の画像だけでなく比較的長文の記事を掲載することが多くの「いいね！」や「シェア」につながりやすいです。この点が、ビジュアル重視で長い文章は好まれないInstagramとの大きな違いです。

Twitter：気軽にリツイートが可能。想像以上の拡散が見込める

　Twitterの大きな特徴として挙げられるのが、公開でつぶやいた内容がリツイートを重ねることにより、**フォロワーのその先の先まで越えて届く可能性がある**ということです。つまり企業での活用においてもフォロワー以外にも投稿が届く可能性があるという認識が必要です。プロモーションツイートを活用したり、競合他社をフォローしたりする、アクティブフォローや、親和性の高いコメントに「いいね！」をしてリフォローを狙うアクティブアクションを行うとインプレッションの拡大が見込めます。拡散性が高く、情報収集や共有に使用される点がInstagramとの違いとして挙げられます。

	Facebook	Twitter	Instagram
位置情報	投稿時に設定可	投稿時に設定可	投稿時に設定可
メッセージ	【メッセンジャー】友達・友達ではない人に送信可能	【ダイレクトメッセージ】フォロワー・非フォロワーに送信可能	【ダイレクトメッセージ】 ・フォロワー・非フォロワーに送信可能（フォロワーか否かで送信される場所が異なる） ・ビジネスプロフィールを設定しているアカウントには「連絡する」ボタンからテキストやメールを送ることが可能
フィードの仕組み	アルゴリズムにより、時系列で表示されない	時系列で表示されるほか、新着のハイライトやおすすめのツイートが表示（非表示可能）	アルゴリズムにより、時系列で表示されない
いいね！機能	いいね！ボタン	いいね（♡）ボタン	いいね！（♡）ボタン
コメント機能	投稿へのコメントが可能	@を付けるメンションで会話が可能	投稿へのコメントが可能（「@」を付けてメンションをすれば、相手に通知が届く）
シェア機能	シェアボタン	リツイート	なし（リグラム用のアプリが必要）
投稿が届く範囲	友達・友達の友達まで届く（Facebookページの投稿なら、全世界に投稿可能）	リツイートにより、まったく知らない人にも届く	基本的にはフォロワーのみに届く（公開設定にしていれば、人気投稿やハッシュタグからの検索で知らない人にも届く）
フィードに流れてきやすい投稿	友達の投稿に加え、友達が「いいね！・コメント・シェア」した投稿、Facebookページの投稿	フォローしている人のつぶやきとリツイート	フォローしている人の投稿

▲三大SNSの機能的な違い

	Facebook	Twitter	Instagram
よく投稿される種類	・テキスト（リンク） ・テキスト+画像 ・テキスト+動画	・テキスト（リンク） ・テキスト+画像 ・テキスト+動画 ※制限あり（最大140文字）	・写真・動画 ・テキストは1～3行
位置情報	頻繁に付ける	あまり付けない	頻繁に付ける
ハッシュタグ	あまり使用しない	1投稿に1～2個付けることが多い	1投稿に複数付けることが多い（ハッシュタグから、他人の投稿を見る）
つながり	実際の友達・仕事関係の人が中心（ある程度面識がある人が多い）	実際の友達・共通の趣味を持ったオンライン上の友達が中心（面識がない人も多い）	共通の趣味や同じ境遇にある人が中心（面識の有無を問わずのつながりができることが多い）

▲ユーザーはこの3つのSNSをどう使い分けているか？

Chapter 2
Instagramのアカウントを作ってみよう

本章では、Instagramのアカウント作成方法から、写真の加工法、実際の投稿時に使えるツールまで詳しく紹介します。Instagramのアプリをダウンロードし、それを立ち上げて操作を進めてみてください。

01 基本設定とアカウントの作り方

実際にInstagramのアカウントを新規登録し、写真を投稿していきましょう。簡単な操作でアカウントを作ることができます。

アカウントの登録

　Instagramを開始するためには、まずはApp Store（iOS）もしくはGoogle Playストア（Android）からInstagramのアプリをインストールする必要があります。インストール後、アプリを起動し、アカウントを登録します。アカウントを作成する場合、メールアドレスとパスワードが必要となります。

　まず、[Facebookでログイン]か[電話番号またはメールアドレスで登録]を選びます。ビジネスプロフィールの場合、[電話番号またはメールアドレスで登録]を選択し、担当部署などのメールアドレスを入力して[次へ]をタップします。

> **Memo ビジネスプロフィールへの切り替え**
> アカウントを登録する場合、ビジネスプロフィールに切り替えておくと、細かいインサイトを知ることができます。企業だけでなく個人の利用も可能ですし、公式アカウントから個人アカウントへの切り替えもスムーズに行えます。またビジネス向けのサービスも、すべての機能が無料で使用可能です。Chapter 3の06で紹介する、Shop Nowなどの公式アカウントでしか利用できない機能もあります。

アカウントの情報を入力する

　アカウントのプロフィールページに反映される、アイコン画像、氏名、ユーザーネームを決めます。企業向けのアイコン画像（プロフィール写真）は**わかりやすい画像やロゴ**が適しており、**検索で見つけやすい氏名やユーザーネームを設定すること**も大切です。アイコン画像、氏名、ユーザーネームは後から変更することも可能です。なお、ユーザーネームがすでに使用されている場合は、別の名前で登録しなければいけないため、登録の際はいくつか候補を挙げておくとスムーズです。

ロゴの例

Chapter 2 Instagramのアカウントを作ってみよう

> **Point ユーザーネームは短くわかりやすいものを選ぶ**
>
> ユーザーネームは、次のように短くわかりやすいものを選びましょう。長すぎるものは検索で見つけにくいため避けたほうが良いでしょう。
>
> - 良い例：@mintzplanning
> - 悪い例：@mintzplanning_girlscreativeteam

Instagramアカウントの登録の手順

1 [電話番号またはメールアドレスで登録] をタップする

2 「電話番号」もしくは「メールアドレス」を入力し、[次へ] をタップする

3 「氏名」と「パスワード」を入力し、[次へ] をタップする

> **Memo 「Facebookの友達を検索」はスキップする**
>
> 「Facebookの友達を検索」や「連絡先を検索」という表示は、スマホ内の連絡先を読み取って友人や知人のInstagramをフォローできる機能につながります。個人アカウントでなければスキップしてください。

4 「プロフィール写真を追加」し、[写真を追加] をタップする

021

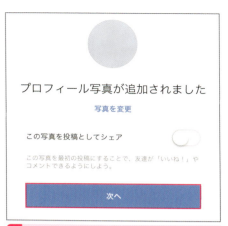

 「プロフィール写真が追加されました」で[次へ]をタップする

 「フォローする人を見つけよう」で[次へ]をタップする

6 「ログイン情報を保存」で[保存]をタップする

> **注意** Androidの「ログイン情報を保存」画面
>
> Androidでの操作の場合、[連絡先を保存]→[パスワードを保存]をタップしてください。

> **注意** Androidの「フォローする人を見つけよう」画面
>
> Androidでの操作の場合、[次へ]をタップし、「お知らせをオンにする」で[オンにする]をタップしてください。

Chapter 2 Instagramのアカウントを作ってみよう

02 「プロフィール」と「アカウントテーマ」の決め方

Instagramの場合、企業の正確な情報を伝える場所は公式アカウントのプロフィール画面になります。投稿に興味を持ったユーザーの印象に残るような自社の紹介、必要情報の設定を行いましょう。

■「プロフィールを編集」画面を理解する

マイページの[プロフィールを編集]をタップすると、名前、ユーザーネーム、ウェブサイト、自己紹介、プロフィール写真が編集できる画面に移ります。公式アカウントを運営するにあたって最大限の情報を掲載できる画面となります。なお、「ビジネス情報」を表示するためには、[Instagramビジネスツール]をタップしてください。

「プロフィールを編集」の画面

❶名前

日本語表記が可能です。ユーザー検索で見つけやすいように、**広く知られている名前で登録する**と良いでしょう。企業の公式アカウントとして設定する場合は、"Official"と表記するなど、**「公式」であることがわかるように表記する**ことも必要です。

日本語も利用可能な「名前」とアカウント作成時に英数字で設定する「ユーザーネーム」はどちらも検索の対象となります。

❷ユーザーネーム

ユーザーネーム=アカウント名は英数字とアンダーバーで表記します。

「メンション」というコメントのやり取り機能や、「タグ付け」という写真に写っているユーザーに通知できる機能でも使われるので、覚えやすくて入力しやすい名前の設定をおすすめします。

❸ウェブサイト

ホームページなど外部のサイトに誘導できるURLのリンクを貼ることが唯一できる機能です。公式アカウントとして使用する場合は、自社のホームページなど窓口となるURLを必ず登録しておきましょう。

❹自己紹介

自社の概要や理念などを明記する非常に重要な項目です。150文字の制限があるので、わかりやすく簡潔にまとめましょう。一般的には、企業のサービス内容などを記載して、何のアカウントなのかを明確に記します。

❺プロフィール写真

ユーザーネームとともに、他ユーザーの目にとまりやすい、いわゆる「アイコン」と呼ばれるものです。そのアカウントを連想させる写真や画像を選ぶとユーザーの印象に残りやすいため、しっかり検討する必要があります。たとえば、お花屋さんであればお花の写真をプロフィールに設定するなど、わかりやすい画像を選びましょう。頻繁に変更すると印象が薄れてしまうので注意してください。

❻ページ

管理、連動しているFacebookページにつながります。他にFacebookページを設定する場合は、「新しいFacebookページを作成」から新たにページを作ることができます。

❼カテゴリ

カテゴリとは、肩書や属性のようなものです。大枠のカテゴリとサブカテゴリを選択できます。「ウェブサイト、ブログ」や「スポーツ」「人物」などいろいろな種類のカテゴリが出てくるので、自社のサービスに一番近いカテゴリを選択します。「カテゴリ」を選択し、「サブカテゴリ」を操作すると、さらに細かくジャンル分けされ、自社アカウントに一番近いカテゴリを設定することができます。企業でな

い場合、たとえば個人のインフルエンサーなら、カテゴリから「人物」を選択し「ブロガー」や「動画クリエイター」「写真家・フォトグラファー」など近い属性を選ぶことができます。

❽連絡先オプション

「連絡先オプション」を設定すると、ビジネス情報が表示されます。アカウントのメールアドレス、電話番号、住所の掲載が可能です。集客が必要な公式アカウントの場合は、プロフィール画面からの電話やメールでの問い合わせにつながるので、必ず設定しましょう。

> **注意　個人情報の取り扱い**
> 個人で公式アカウントを運営している場合、個人情報の取り扱いには注意が必要です。メールアドレスや電話番号など、知られても良い情報を記載しましょう。

また、「連絡先オプション」内の[アクションボタンを追加]を選択すると、「席を予約する」「注文する」などのボタンをビジネスプロフィール上に追加できるようになりました。サービスは開始されたばかりですが、飲食業界において注目の機能となっています。

①～⑧の設定を終えると、ユーザーから見たプロフィールページは、右のように表示されます。

プロフィール編集後の画面

03 写真の投稿方法

一般的な写真投稿の手順を確認しましょう。次々に新機能が追加されますが、写真の基本的な投稿方法は変わりません。

写真の投稿手順

　一般的な写真投稿の手順を確認しましょう。画像を選び、必要であればフィルターで調整し、画像を加工し、キャプションを入力します。Instagramは次々に新機能が追加されますが、写真の基本的な投稿は変わりません。

1 投稿したい写真を「ライブラリ」から選択する

2 選択した写真が表示されるので、[次へ]をタップする

Chapter 2　Instagramのアカウントを作ってみよう

3 フィルターを選択したら、[編集]をタップして明るさやコントラストなど細かい調整をする

4 [次へ]をタップする

> **Memo　フィルターの調整**
> フィルターの調整については、次ページを参照してください。

5 写真に関連した情報などのキャプションを入力し、[シェアする]をタップして投稿する

6 投稿が完了した

> **Memo　キャプションの入力**
> キャプションの入力については、次ページを参照してください。

フィルターを調整して写真を加工する

　フィルターとは撮影した写真の明るさや色味を変更、調整できる機能のことを指します。フィルターをかけることで、**雰囲気のある写真**に仕上げたり、**食べ物をよりおいしく見せたりする**効果も期待できます。

　次ページの画像は、左がフィルター調整前、右が調整後です。比べてみると、右のほうがインスタントカメラ風に雰囲気ある仕上がりになっていることがわかると思います。また、食べ物の写真を見ると、フィルターを調整した右の画像のほうがおいしそうな写真になっています。

　画像加工アプリを使用して加工することも可能ですが、Instagram内にあるフィルターや編集機能だけでも十分印象的なクリエイティブを作ることができます。「フィルター」を利用すると40種類のフィルターから好みの色調を選ぶことができ、「編集」を利用すると明るさやコントラスト、彩度、影などより細かな調整を編集することができます。

　Instagramはアプリ開始当初からフィルター機能が付いており、その機能を使用することで写真のクオリティを上げられることが話題でした。今では全40種類のフィルターが用意されています（2019年1月現在）。なお、被写体を加工しすぎてしまうと、実物とまったく異なってしまうので、加減が必要です。

会話をしているようなキャプションで親近感を持ってもらう

　投稿する写真が決まったら、キャプションを入力します。長いキャプションは省略し表示されます。省略されたキャプションはタップすると表示されます。

　公式アカウントでも、**個人が発信、会話をしているようなキャプションで親近感を持たせたもの、違和感を抱かせないものが理想**です。ユーザーが実際使っているような文言を取り入れるのも良いでしょう。

Chapter 2 Instagramのアカウントを作ってみよう

〈before〉 〈after〉

〈before〉 〈after〉

> **Memo テスト投稿の必要性**
>
> Instagramでは、写真をアップした瞬間からフォロワーのタイムラインに表示されるので、テスト投稿が必要であれば、他のアカウントで行う必要があります。投稿した写真の削除、文章の編集は可能ですが、アップした後から写真の編集はできないので注意しましょう。

04 ハッシュタグを付けて、ユーザーからの検索対象になろう

ハッシュタグはInstagramを最大限活用するために不可欠なものです。ここでは、どのようなハッシュタグを付ければ、多くのユーザーを獲得できるのか見ていきます。

ハッシュタグはユーザーとのつながりを作る要素を持っている

　ユーザーに人気の検索方法に「**ハッシュタグ検索**」があります。これは、SNSの投稿で使用されるナンバー記号（#）で始まるキーワードのことです。ハッシュタグを付けて投稿された写真はInstagram内でハッシュタグ検索の対象となります。ハッシュタグを付けることで他ユーザーの検索にかかるので**投稿の拡散やフォロワーの流入にもつながります**。

　虫めがねのアイコンをタップして「検索」に検索ワードを入力すると、検索ワードから始まる関連ワードが投稿件数の多い順に上がり、各フレーズの投稿件数も確認できます。たとえば「カフェ」と記入した場合、「カフェ巡り」、「カフェ好き」、「カフェごはん」など「カフェ」から始まる人気検索ワードが上がります。

ハッシュタグ検索ページ画面

関連フレーズが表示される

ハッシュタグの付け方は写真を投稿する際、コメント欄にハッシュタグとして使いたい言葉を「#」から始まるフレーズで入力するだけです。英語でも日本語でも使用でき、1つの投稿で30個まで付けることができるため、多くのハッシュタグを付けるほどハッシュタグ検索に引っかかりやすくなります。投稿のバランスを見て投稿回数を重ねるうちに、関連性がありユーザーの検索対象になりやすいハッシュタグの選定が絞れるようになるでしょう。

　公式アカウントにおいては、「#mintz」や「#mintzplanning」のように投稿写真に**自社のブランド名や商品名、サービス名、企業名などの独自のハッシュタグを作成しておく**と良いでしょう。投稿写真が増えるにつれ、ユーザーがそのハッシュタグを利用して検索をかけたり、そのハッシュタグを用いて写真を投稿したりする展開にも発展しやすくなります。

　Instagramにおいてどんな施策を仕掛けるときもハッシュタグは欠かせません。ハッシュタグは検索ツールであると同時に、ユーザーとのつながりを作る要素も持ち合わせています。公式アカウントにハッシュタグを付けてユーザーに発見、到達してもらうためのツールとして利用しましょう。

毎日検索されているハッシュタグを選定する

　ターゲットに合うハッシュタグを付けることが地道なフォロワーの獲得にもつながります。基本的にはアカウント開設当初から、検索率の少ないハッシュタグを付けるより、広く用いられるハッシュタグを使うほうがアカウントへの流入につながります。

　自社のアカウントで、毎回必ず使用するハッシュタグをいくつか決めておきフォーマット化しておくと、投稿時に追加で貼り付けるだけなので、ハッシュタグを入力する手間を省けます。また、ハッシュタグを用いたキャンペーンを行う際は**オリジナルのハッシュタグを作成しておく**と、そのハッシュタグからキャンペーン対象の投稿が検索しやすくなります。その際、宣伝色が強いものや一般的に知られていない専門用語など、羅列したときに浮いてしまうハッシュタグの使用は控え、ユーザーの検索にかかりやすく受け入れられやすいオリジナリティのあるハッシュタグを投稿することが望ましいでしょう。

　トレンドのハッシュタグやInstagram専用のハッシュタグ用語は日々更新されているので、アカウントの検索ページからタグをリサーチするなどして、**常に最新のハッシュタグを知ること**が大切です。

> **注意　一般化しているハッシュタグの使用**
>
> 頻繁に使用されて一般化しているようなハッシュタグ（特に英語で海外の方も投稿しているようなハッシュタグ）を付けるだけの投稿は埋もれる可能性があるので注意が必要。

コミュニティに強いハッシュタグを利用する

　特定のテーマに対して関心のあるユーザーに使われる人気の高いハッシュタグを調べましょう。共通のサービスや商品、趣味に関心が強く、コミュニケーションを望むユーザーが多用するハッシュタグが見つかります。たとえば、アパレル系アカウントのInstagramから生まれた人気の高いハッシュタグとして、「＃おしゃれさんと繋がりたい」、「＃ootd」（outfit of the day：今日の服装）、「＃今日のコーデ」といったものがあります。

　また、ヘアサロンのアカウントであれば「＃ショートヘア」「＃切りっぱなしボブ」「＃ボブアレンジ」「＃表参道ヘアサロン」など検索にかかりそうなフレーズの他に「＃hairsalon」「＃미용실」「＃護髮」など、英語だけでなく韓国語や中国語の関連単語を入れると、在日外国人や海外への発信力も強まります。

　ハッシュタグは1つの投稿に30個まで付けることができるので、最大限まで活用すると良いでしょう。「お洒落さんと繋がりたい」や「オシャレさんと繋がりたい」のように漢字とひらがな、カタカナ、英語を組み合わせると、異なった種類のハッシュタグと認識され、投稿件数もまったく違います。より多くのユーザーの目に触れ「いいね！」を付けてもらって、人気投稿表示とフォロー数アップにつなげましょう。

　また、**自社がターゲットとするユーザーが好むインフルエンサーと同じハッシュタグを使用する**ことも、フォロワーの流入に期待が持てます。

ハッシュタグを使用するときに使えるツール

　ハッシュタグを使用する際には、以下のようなツールを使用すると便利です。

・**Insta-tool**　　https://insta-tool.nu

　Instagramで投稿に使用できるハッシュタグの全使用回数を一括で検索、調査し表示するサービスです。会員登録不要、無料で使用できます。

　検索窓にハッシュタグを入力します（まとめての入力も可能）。改行で1つのハ

ッシュタグとみなされます。[調査開始]をタップすると結果が表示され、各ハッシュタグがどのくらい使用されているかが確認できます。調査結果として表示されたハッシュタグを選択し、クリップボードに転送することができます。希望するハッシュタグを選択し、投稿しましょう。

・ハシュレコ　https://hashreco.ai-sta.com

　Instagramで投稿するときにおすすめのハッシュタグを教えてくれる、ハッシュタグ検索ツールです。Instagramの投稿を表すキーワードを入力し検索すると、検索結果から使いたいハッシュタグが最大30個まで選択できます。クリップボードへコピーしたらInstagramのキャプションにペーストするだけの便利な機能です。こちらも会員登録不要、無料で使用できます。

ジオタグを付けて近くにいるユーザーとつながろう

　「ジオタグ」とは緯度と経度がわかる情報のことで、地図サービスと組み合わせるとその写真がどこで撮影されたものかを確認でき、タグとして追加できます。

位置情報を作成しよう

　Instagramの位置情報とは、写真を投稿する際に追加できる場所情報のことです。

1 位置情報を追加したい写真を選び、[位置情報を追加]をタップする

2 追加したい位置情報を入力すると、検索ワードに関連した位置情報が一覧となって現れる

3 位置情報が追加された

 Instagramに追加したい位置情報がない場合

Instagramに追加したい位置情報がない場合、Facebookのチェックイン機能から位置情報を追加することになります。

Chapter 3
戦略的にスタート！ 公式アカウントを運用しよう

Instagramのアカウントを設定したら、公式アカウントの運用準備に移りましょう。本章では公式アカウントを運用する前に確認しておきたいこと、分析方法をビジネス寄りの観点から説明していきます。

01 Instagramで公式アカウントを運用する理由

Instagramにおいて公式アカウントを運用すると、どのような利点があるでしょうか。運用するメリットを見ていきます。

ブランディングの構築と向上を図る

今まではブランドイメージを伝えるツールは自社のホームページやテレビや雑誌などの広告が主でした。現在ではInstagramで公式アカウントを戦略的に運用することで、**コストをかけずにブランドイメージをユーザーに伝えることができます**。またSNSの中でもInstagramは画像や動画などのビジュアルコンテンツに特化しており、商品をわかりやすくアピールできるため、ブランディングに使いやすいサービスだといえます。

Instagramの日々の運用を通してユーザーに抱いてもらいたいブランドイメージと実際にユーザーが抱いているブランドイメージを近づけていきましょう。

Instagramでブランディングをする上でのポイント

Instagramでブランディングを図る際には、次のことがポイントとなります。

・**ユーザーにどう認知されたいかを決める**（Chapter 3の02参照）

Instagramでのターゲットペルソナを決め、ユーザーにどのようなイメージを持ってもらいたいのか、どう認知されたいのかを事前に決めておきましょう。

・**クリエイティブで一貫性を持って表現する**

画像や動画、キャプションやハッシュタグには必ず一貫性を持たせましょう。一定期間、一貫性を持った投稿を続けると、ユーザーのブランドイメージが固まりやすくなります。画像は事前に投稿する内容を決め、加工やアングル、人物を使うのなら表情や切り取りパーツを統一することで、一貫性を持たせられます。文章についても、一人称であることや口調などを統一すると良いでしょう。

・ハッシュタグを活用する

　ブランドネームはもちろん、一般用語や一般化した関連ハッシュタグを積極的に付けることで、ブランドのイメージがわきやすくなります。ユーザーに覚えてもらえるようなオリジナルのハッシュタグを作るのも良いでしょう。多くのユーザーがそのハッシュタグを付けてくれることで、ブランドの知名度アップが期待できます。

　またInstagramユーザーは、ハッシュタグで検索をします。ハッシュタグから多くのユーザーに存在を認知してもらうことも、ブランディング向上につながります。

　Instagramでのブランディングが成功すると、競合との差別化や、ファンユーザーからの自然拡散による広告費の削減など多くのメリットがあります。すぐには結果が出ることではないので、中長期的にコツコツと運用していくことが大切です。

ユーザーとのタッチポイントを増やす

　ユーザーが日々使用しているInstagramの中にブランドの公式アカウントを作ることで、**多くのユーザーに知ってもらい日々接触できる機会を増やすことが可能となります**。メディアが分散化した時代に企業が作って発信するようなオウンドメディアへの集客が難しくなっています。日々消費者が使っているInstagramの中に自然に入り込んでいくことが大切です。

　公式アカウントを作ることで、ブランドにとって次のようなメリットを得ることができます。

・リーチチャネルの創出（リーチ数の増加）

　公式アカウントでファンとなるフォロワーが増えれば、情報発信をする度に多くのファンにリーチすることができます。

・ユーザーとコミュニケーションを図ることができる

　投稿の中でいいね！やコメントを通してユーザーの意見を聞いたり、実際にブランドを愛用しているユーザーを知ったりすることができます。特にストーリーズではユーザーとコミュニケーションを図れるさまざまな機能があります（Chapter 5の03参照）。

・購買の促進

　店舗やサイトだけでなく、Instagramで定期的に商品に触れ合うことで、自然にユーザーの意識に入り込むことができ、購買意欲の促進にもつながります。

> **Memo　Instagramの公式マーク**
>
> 公式アカウントとは、SNSにおいて企業やブランドが運営をしているアカウントのことを意味します。Instagram公式の認定を受けているマーク（ユーザー名右側に水色のチェックマーク）が付いている場合と、認定マークが付いていなくても、企業やブランドの公式アカウントとして認知されている場合があります。どのようにすれば認定を受けることができるかは現在非公開となっています。
>
>
>
> Instagramの公式マーク

02 公式アカウント運用前に決めておくこと

公式アカウントを運用する前に方向性やターゲットを決めましょう。運営前に決めておくべきことを紹介します。

公式アカウント運用前に決めておくべき4つの事柄

公式アカウントの運用は、**方向性を決め、ターゲットを絞る**ところから始めましょう。Instagramはユーザーのコミュニケーションとしての場なので、ターゲットが求めている情報やコンテンツを把握し分析することが大切です。

また、一方的な発信にならないように投稿したい商材や内容を、いかにターゲットの求めるコンテンツに近づけられるかを考えると良いでしょう。内容についてはユーザーが飽きないように、シーズンごとでテーマを変えたり、端末の画面いっぱいに表示できる最大投稿数である9投稿で1くくりとして見せたりするなど、投稿前にイメージを作ります。

具体的に運営を行う前に必ず決めておくべきことは以下の4つです。

9投稿で1くくりとして見せられるように、前もってイメージを決めておく

①ペルソナを設定する
②目標（KPI）を設定する
③ブランドコンセプトを設定する
④運用ルールを設定する

以下、それぞれについて詳しく見ていきます。

ペルソナを設定する

ウェブサイトを制作する際やマーケティングを行う際などの基本中の基本とし

て、**ペルソナの設定**があります。ペルソナとは商品やサービスを利用する顧客の中で最も重要な人物モデルのことを意味します。どんなユーザーをターゲットにしていて、どんなストーリーがあって自社のアカウントを訪れるのかまで想定しておくことで、自社のアカウントがターゲットとするユーザー像が明確となります。ターゲットとなるユーザーの年齢や性別、居住地、職業、趣味など、よりリアリティのある詳細な情報が必要です。

このユーザー像があやふやなまま運用を開始すると、誰に向かって何を発信しているのかさっぱりわからない、単なる自己満足の投稿になってしまうため注意が必要です。

ブランドコンセプトを設定する

企業のアカウントを運用する際に必ず設定しておくべきことのひとつが、**ブランドコンセプト設計**です。

どのような世界観で、どのような内容を、どのようなアングルで投稿するかは、画像が主役のInstagramにおいて非常に重要なことです。こちらが発信する画像を見て、ユーザーが「ほしい！」「行ってみたい！」と感じる肯定的な気持ちを育て、アカウントや発信した内容への興味、理解を深めます。

写真の中にある商品やサービスを見たときに、公式アカウントの発信によってユーザーの購買行動へ導くためにコンセプト設計があります。このコンセプトに沿って投稿内容の企画から加工のテイストも統一し、投稿することでアカウントの運用目的のひとつであるブランディングを促進することができます。

目標（KPI）を設定する

公式アカウントを開設するにあたって、何を目標として、どのような測定方法で効果を検証していくのかという**KPI設定**を行いましょう。

この設計を行わずに運用すると、「投稿が良かったのか、悪かったのか」の指標がわからず、判断軸と説得力のない運用になってしまいます。

なお、「KPI」とは「Key Performance Indicator」の頭文字を取った略語で、「重要業績評価指標」という意味になります。目的達成の過程を計測するための中間目標です。

また、KPIの他に重要な指標としてKGI（Key Goal Indicator：重要目標達成指標）があります。KGIは企業が目指している最終目標であり、KPIは最終目標を達成す

るための中間目標となります。KGIは公平に目標が達成できたと判断できるよう、**目標達成までの期限**と**具体的な数値を決定しておく**のが基本です。

　大枠の目標（KGI）と「半年以内の売上げを前年の倍にする」とを設定したならば、KPIの設定は「フォロワーを◯カ月以内に◯倍に増やす」「いいね数、コメント数を現時点の◯倍に増やす」「ハッシュタグキャンペーンを行い、増加率を◯カ月以内に◯％伸ばす」というように、具体的に決めた大枠の目標に向けて、Instagram上でどのようなことを目標として実施すれば良いのか、数字の設計に対しての方向性が見えてきます。KPIを設定するには現状把握が必要です。SNSならフォロワー数やエンゲージメントだけでなく、インプレッションなども幅広く検討するべきですが、KGIと同じように具体的な数字や時期が重要となります。KPI設定が達成しなかった場合は、その都度改善策を検討する必要があります。

　画像に特化したInstagramでは、ユーザーはテキスト情報より画像のクオリティを求めます。それを踏まえた上でのKPI設定として基本となるのが、前述の通り**フォロワー数**、**エンゲージメント**、**関連ハッシュタグ**の3つです。

フォロワー数

　フォロワー数は、そのアカウントに対するファンの数として認識されます。Instagramのフォロワー数を増やすことで、企業の新製品の紹介やイベント情報などを発信した際の影響力を最大化させることができます。フォローしてくれたユーザーとの接触回数を増やすことができるのでフォロワー数の目標値は必ず設定すべきKPIのひとつといえます。

エンゲージメント

　「いいね」や「コメント」、ブックマーク機能である「コレクションに保存」のようなユーザーからのリアクションを「エンゲージメント」といいます。投稿に対するリアクションは数だけでなく、質も重要です。ユーザーがどのようなコメントをしているのかも確認し、ポジティブなコメントを増やしていくことも意識しましょう。フォロワー数に対するリアクションもKPIに設定すると良いでしょう。

　また、投稿ごとのエンゲージメントの変化を確認することで、投稿のタイミングや頻度、どのようなコンテンツが求められているのかのPDCAサイクル（Plan〈計画〉・Do〈実行〉・Check〈評価〉・Action〈改善〉を繰り返すことにより、管理業務を継続的に改善する手法）を回すこともできる、大切な指標です。

関連ハッシュタグ

　Instagramの特徴的な機能のひとつである「ハッシュタグ」。自社ブランドと関連の強いハッシュタグの付いた投稿の数も、KPIとして重要な指標のひとつといえます。自社関連ハッシュタグの付いた投稿数＝ファンユーザーの数値として捉えることもできます。自社ブランドと関連の高いハッシュタグの投稿数を高めるためには、まずは公式アカウントがお手本になって、**ユーザーがInstagramに投稿したくなるようなフォトジェニックさを整えること**が鍵となります。

運用ルールを設定する

　コンセプト設計と同様、**運用ルール**を決めましょう。

　投稿に対するコメントやユーザーへのアプローチ方法など、実際の運用で対応する内容について、社内の誰が担当しても同じようにできるようにルール決めしておくことで、無駄なルーティーンワークを削減することもできます。また、振り返りのタイミングなどもルールを設定し、KPIに対してPDCAを回しやすくしておくことも大事です。

運用を振り返り、次の施策に活かそう

　フォロワー数の増加や、各投稿のいいね！数やコメント数だけでなく、公式プロフィールにすることでインプレッション数、リーチ数、保存数などの細かいインサイトを見ることができます。

　それらの数値も含めて**自社のアカウント運用を振り返り、どのような投稿がユーザーに好まれるのかを理解した上でクリエイティブを改善していく**と、さらに効果的な運用ができるはずです。

　たとえば人物が入っているときより物撮りだけのほうがいいね！数が毎回多いなど、1カ月の投稿内容の中で反応の良いクリエイティブを並べると、そこに共通点が見えてくることがあります。そうした気づきを次月の投稿内容に活かしましょう。

　ただ、ユーザーは飽きやすいのでどちらかに偏るのではなく、振り返ったときに反応が良かったクリエイティブを増やすなど、バランスもしっかりと考えた上で運用する必要があります。

　また、投稿を振り返るのはもちろんですが、それに基づく**売上げの推移も同時**

に分析すると良いでしょう。エンゲージメントが高ければ売上げが上がるわけでもありません。

　運用する上でKPI別に投稿内容を変えて、全体のバランスを整えることも重要です。運用目的と指標がずれていないかをしっかり振り返りましょう。

	推　奨	理　由
投稿頻度	1日1〜2回。タイムライン投稿は毎日（毎営業日）	ユーザーとの接触回数を高めるため毎日の投稿が望ましいが、それだけの素材を準備できない場合は、反応が期待される素材を準備し、頻度のペースを落としてもきちんとした写真を投稿できるようにする
投稿実施時間	基本的に午前中に1回と、夕方（通学、通勤の帰宅時間）に1回が良い ※現在はアルゴリズムにより時系列で表示されないこともある	・商品やターゲットによって異なるが、一般的に投稿が多く反響が大きいのが就寝前の時間帯 ・忙しい日中より深夜帯のほうがいいね！やコメント数が増えやすいこともあるので、試験的に投稿し、反応を見ても良い
投稿案の作成と投稿	・タイムラインに投稿する担当を決めておく ・投稿内容の最終確認も行い、そちらで承認を得た原稿のみ投稿を行う ・タイムライン投稿後、万が一内容に不備や問題を発見した場合、文章の訂正や削除、新たに訂正原稿を作成し投稿を行う	・投稿の内容に一貫性を持たせるため、投稿案作成の担当は決めておいたほうが良い ・一度投稿した写真は変更することができない。投稿自体の削除は可能
写真の投稿方法	・画像の形式はJPG、PNG、GIF形式 ・公序良俗に反するものや第三者が特定できる画像の使用は不可	JPGでもPNGでも元画像より画像のデータサイズが縮小されるが、形式の中で一番劣化が少ないJPGでのアップが好ましい
動画の投稿方法	・動画の形式はMP4形式を推奨 ・公序良俗に反するものや第三者が特定できる画像の使用は不可	通常投稿の動画では、アスペクト比が1.91:1〜4:5、最小解像度600×315ピクセル（1.91:1横長）600×600ピクセル（1:1正方形）、600×750ピクセル（4:5縦長）、最大ファイルサイズは4GB、動画の長さは最大60秒となる

※コンテンツの具体的な作成方法はChapter 4参照
▲運用ルールの例

03 ビジネスプロフィールを立ち上げる

Instagramのアカウントを公式アカウントに変更することで、ユーザーとコンタクトを取りやすくなるなど、大きなメリットがあります。

ビジネスプロフィールで利用できる機能を把握する

　Instagramはビジネス向けの運用を行いたい企業が顧客と交流する際に役立つアカウントを開始しました。通常のプロフィールから「**ビジネスプロフィール**」に変更することで、ビジネスに活かせる機能の利用が可能です。

　ビジネスプロフィールへの変更のメリットとして挙げられるのが、**細かなユーザーインサイトを知ることができること**と、**ユーザーとのコンタクトが取りやすくなること**です。プロフィールにメールや住所などの掲載が可能なので、固定のメールアドレスに誘導できます。

　また、直接商品購入を促進できる**Shop Now機能**や、Instagramに**広告を配信できる**（有料）ようになります。広告を出すことで、投稿された写真から直接プロフィールやホームページへのアプローチが可能となります。

　逆にビジネスプロフィールへの変更のデメリットとして考えられるのは、1つの公式アカウントにつき、関連付けた1つのFacebookページしかシェアすることができないことです。個人プロフィールに変更すればFacebookページでシェアできるので、Facebookでシェアしたければ、一度個人プロフィールに変更し、再度ビジネスプロフィールに戻すという手間がかかります。

ビジネスプロフィールへの変更方法

　Instagramでビジネスプロフィールを作成するためには、Facebookから本人確認を行い、Facebookのページをビジネスプロフィールに展開する手順が必要となります。これによって、Facebookで管理されている個人情報をInstagramのビジネスプロフィールに取り込むことができます。Facebookで本人確認をすることによって、Instagramの宣伝にFacebook広告アカウントが使用できます。

Chapter 3 戦略的にスタート！ 公式アカウントを運用しよう

1 プロフィールを表示する

2 設定マーク（三本線のアイコン）をタップする

3 [設定]をタップしてオプションへ移動する

4 [ビジネスプロフィールに切り替える]をタップする

5 [次へ]を4回タップする

> **注意** Androidでのビジネスプロフィールへの変更法
>
> Androidの場合、**4**では[事業者アカウントへの切り替え]をタップします。

045

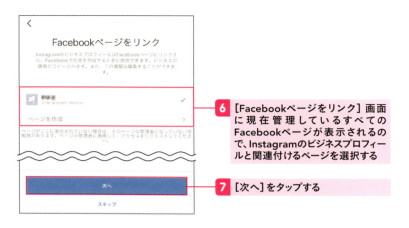

6 [Facebookページをリンク] 画面に現在管理しているすべてのFacebookページが表示されるので、Instagramのビジネスプロフィールと関連付けるページを選択する

7 [次へ] をタップする

8 プロフィールのカテゴリーを選択する

9 連絡先情報を確認し、変更を加えて [完了] をタップする

> **注意** 公式アカウントでの注意事項
>
> 公式アカウントの運用にあたって、次の事柄に注意する必要があります。
>
> - 公式アカウントは非公開アカウントに設定することはできない
> - Instagramでの投稿をFacebookでシェアする場合、ビジネスプロフィールに関連付けたFacebookページ以外シェアできない

04 インサイトを活用し、反響の高い投稿を目指す

インサイトを活用することで、フォロワーについての情報を分析でき、より質の高い投稿をすることができるようになります。

インサイトの活用でタイムリーなコンテンツを提供する

インサイトとは、公式アカウントのフォロワーについての情報や閲覧される時間帯、反応が良かった投稿などを分析できる機能です。どんな投稿でフォロワーが増えたのか、どのようなハッシュタグがタップされたのか、といった内容を解析し、マーケティングに必要なデータを手に入れることができ、**より反響の高い投稿を目指せます**。解析、検証、フィードバックをすることで、フォロワーにとって関連性のあるタイムリーなコンテンツを提供することができます。

Instagramインサイト（プロフィール）では、次のような情報を確認できます。

アクティビティ

投稿やプロフィールにアクセスしたアカウント数や、投稿がどのくらい閲覧されたかというインプレッション数を確認することができます。

❶インタラクション数	直近1週間で投稿が閲覧された合計回数
❷プロフィールへのアクセス	プロフィール（トップ）ページにアクセスした数
❸ウェブサイトクリック	ビジネスプロフィールに登録されているウェブサイトのリンクをタップしたアカウント数
❹発見	直近1週間でリーチしたアカウント数
❺リーチ	投稿を見たユニークアカウント数
❻インプレッション	投稿が表示された合計回数

▲アクティビティで確認できる内容

> **注意** インプレッション数とリーチの違い
>
> インプレッション数とリーチは異なります。インプレッション数は、投稿が閲覧された合計回数です。1人のユーザーが投稿を5回見るような場合もあります。1回の閲覧に対して1インプレッションを獲得します。リーチは、投稿を閲覧したユニークユーザー数に基づきます。1人のユーザーが投稿を5回見たとしても、1回だけとカウントします。Instagramインサイトではフォロワーの数に関係なく、クリック数やインプレッション数といった投稿に関するデータを確認することができます。作成した投稿やストーリーに関するインサイトを見て、リアクションを確認することができます。

コンテンツ画像

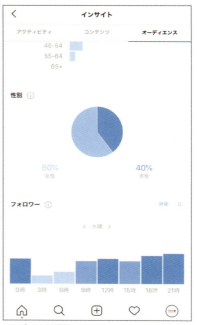

オーディエンス画像

コンテンツ

1週間以内に投稿した画像や動画、ストーリーズ、打ち出したキャンペーン広告のインプレッション数やコメント、いいね！数が一覧で表示できます。

オーディエンス

フォロワー数についての情報が表示されます。フォロワーが100人以上いる場合、フォロワーがアクセスしてきた場所、性別、年齢、閲覧時間を確認できます。

インサイトの確認方法

それぞれの投稿のインサイトを確認するには、各投稿の下部にある［インサイトを見る］（❶）をタップします。「いいね！」（❷）、「コメント」（❸）、「シェア数」（❹）、「保存済み」（❺）が表示されます。

公式アカウントの成果を高めるために重視したいのが、**各投稿のパフォーマンス**です。エンゲージメントを多く集めた投稿や、インプレッション、いいね！数、保存数に動きが出ているかをチェックすることが重要です。傾向がつかめるようになってきたら、ユーザーに注目されるコンテンツを増やしていくなど、工夫しましょう。

また、インサイトの確認からはさらなる情報を得ることができます。投稿画像を上にスワイプすることで、「インプレッション」と「リーチ」「プロフィールへのアクセス」「フォロー」など、それぞれの数字を見ることができます。

インプレッション数の下にあるのが「どこを経由してこの投稿が発見されたか」となるリファラー（参照）情報のデータです。ホームはフォロワーのホーム画面でこの投稿を見た数、ハッシ

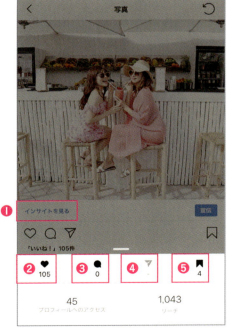

インサイトを確認する

シュタグ経由で見た数、プロフィールからたどってきたのかなどを見ることができます。インプレッション数の内訳は合計4つまで表示され、「ホーム」「ハッシュタグ」「プロフィール」を除いた合計が「その他」としてまとめられています。こちらを確認することで、ホーム画面からのアクセスかハッシュタグからのアクセスかなど、インプレッションまでの経路を知ることができます。

項目	内容
❶インタラクション数（合計）	投稿から実行されたアクション数
❷プロフィールへのアクセス	プロフィールが閲覧された回数
❸発見	検索をタップしたときに表示されるおすすめ一覧
❹フォロー	フォローを開始したアカウント数
❺リーチ	投稿を見たユニークアカウント数
❻インプレッション	投稿が閲覧された回数
❼プロフィール	プロフィールで表示される一覧
❽ホーム	ホームボタンを表示したときに表示されるフィード
❾ハッシュタグ	ハッシュタグを検索したときに表示される一覧
❿その他	ダイレクトメッセージでシェアされた投稿、保存された投稿、自分がタグ付けされた、または自分のことを書かれた投稿、お知らせの「フォロー中」タブに表示された投稿

▲インサイトで確認できる項目

該当記事投稿からのインサイトを見る

ストーリーズからのインサイトを見る

　ストーリーズ（Chapter 5参照）も同様にインサイトを確認することができます。各ストーリーズを表示して上にスワイプすると、視聴者数が表示されます。視聴者数の左のグラフのアイコンをタップすると、分析されたデータが表示されます。

　たとえばハッシュタグのタップ数や投票数、アンケート機能を利用した場合はアンケートの解析結果などがわかります。ストーリーズは24時間で消えてしまいますが、公開が終了したストーリーズのインサイトも14日以内であれば、プロフィールのインサイトにある「過去のストーリーズ」の各投稿を表示させ、上にスワイプすることで確認できます。

Chapter 3 戦略的にスタート！ 公式アカウントを運用しよう

項　目	内　容
❶閲覧者	ストーリーズを見たユニークアカウント数
❷インタラクション数	投稿から実行されたアクション数
❸プロフィールへのアクセス	プロフィール閲覧数
❹発見	ストーリーズにリーチしたアカウント数
❺インプレッション数	ストーリーズで写真または動画が閲覧された回数
❻ナビゲーション	ストーリーズを閲覧したユーザーの行動経路
❼リーチ	ストーリーズで写真または動画が閲覧された回数
❽フォロー数	フォローし始めたアカウント数
❾ストーリーズからの移動数	ストーリーズをスワイプして移動した人の数

▲ストーリーズのインサイトで確認できる項目

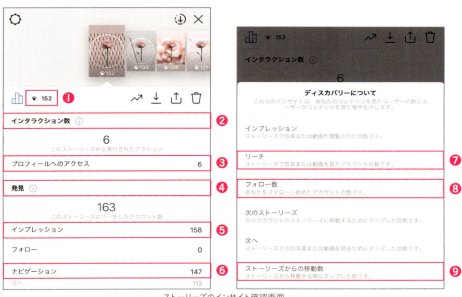

ストーリーズのインサイト確認画面

Point▶ インプレッション数を高める

インプレッション数を増やすためには、次のようなやり方があります。

- ハッシュタグで検索される……検索の多いハッシュタグを付けることが必要です。
- 他アカウントからメンションされる……より人気のアカウントからメンションしてもらう必要があります。
- 検索窓の部分に表示される……検索窓の部分に上がる要因は公開されていませんが、短時間でのエンゲージメント率を高めると比較的検索窓のおすすめ枠に挙がりやすいといわれています。「エンゲージメント率」は「投稿のエンゲージメント（コメント数＋いいね！数＋コレクション保存数）÷フォロワー数」を指します。

05 フォロワーを獲得する

公式アカウントの大枠を設定したら、次にフォロワーの獲得を目指しましょう。自社のアカウントの成果を上げるにはフォロワーを増やすことが第一です。まずはアカウントの方針を決め、判断基準を作り、それに沿って地道にフォロワーを増やしていきましょう。

積極的なアクションでコミュニケーションを取る

ユーザーとコミュニケーションを取ることがフォロワー流入の近道です。

Instagramでの一番簡単なコミュニケーション方法は、「いいね！」をすることです。アカウント立ち上げ時やフォロワーが少ない間は、積極的に「いいね！」をしていきましょう。同様に、**自社アカウントに寄せられたコメントには返信する**ことを心がけてください。これにより、親近感を持ってもらえます。

> **注意　自社アカウントと無関係なアカウントへのアクション**
>
> 自社アカウントと無関係のアカウントにアクションを起こしたり、ハッシュタグに反応したりするとユーザーに警戒されてしまうので注意しましょう。

位置情報を追加する

たとえば店舗や施設などのアカウントを運営するならば、**スポット情報に関連付けて写真を投稿する**ことで、位置情報から検索できるようになり、近くにいるユーザーがそのスポットを発見できるようになります。また、そのスポットに訪れたユーザーにも位置情報付きの写真を投稿してスポット情報の共有をしてもらうことで、情報の拡散や宣伝につながります（ジオタグの設定はChapter 2の04参照）。

位置情報の画面

ユーザーにメンションを付けて投稿してもらう

SNSにおいて特定のアカウントのユーザーについて触れること、名前を挙げることを「**メンション**」と呼びます。投稿に「@アカウント名」を付けることで、@で指定されたアカウントについて言及することが可能です。

この「メンション」がフォローのきっかけになることも多くあります。ユーザーがキャプション内に入れている公式アカウントのメンションをタップすれば、その公式アカウントに行き着くことができます。ここからまた自社のフォロワーが増えるきっかけを作ることができるのです。

メンションをタップすればフォロワー獲得につながる

親しみやすいハッシュタグを決める

自社のブランド、商品名、キャッチーなフレーズをハッシュタグとして決めます。自社アカウントの投稿では必ず用いることとし、投稿に使用したユーザーに「いいね！」をするなど、そこから**コミュニケーションを図る**とフォロワーの流入にもつながります。

なお、オリジナルハッシュタグを使った事例として、2018年8月にポール&ジョーで人気のリップスティックケースがはじめて猫型で発売されました。「#ポールアンドニャー」という遊び心を出したキャッチーなハッシュタグを発信したことで、多くのユーザーが同じハッシュタグを付けて投稿。ポール&ジョーの公式アカウントとリップスティックの認知拡大につながりました。

06 Shop Nowで直接商品の購入を促す

Shop Nowは2018年6月にスタートした新しい機能です。この機能によって、フィード投稿に表示される商品に商品名や価格を表示することができるようになりました。

Shop Nowの機能とは？

公式アカウントでは2018年6月より「Shop Now」というショッピング機能サービスが導入されました。このショッピング機能によって、フィード投稿に表示される商品に商品名や価格が記載されるタグを付けることができ、よりスムーズにユーザーに購入を促すことが可能となります。

Shop Nowを利用するためには？

Shop Now機能を使用して製品登録するためには、次の条件をすべて満たす必要があります。条件を満たせば自動的にアカウント審査が行われて利用できるようになります。

- ビジネスで提供者契約とコマースポリシーに準拠した物理的な商品を販売していること
- アカウントがビジネスプロフィールに移行済みであること
- InstagramのアカウントとFacebookページが連携されていること
- Facebookページでショップ機能を追加しているか、ビジネスマネージャーでカタログの作成をしていること
- BASEやEC-Cube、minne、カラーミーショップなどECプラットフォームと連携していること

Shop Nowで製品登録をする

Shop Now機能を使うためには、Facebookページの「ショップ」セクションに、ECサイトで販売している商品をカタログとして手動で追加する必要があります。

Chapter 3 戦略的にスタート！ 公式アカウントを運用しよう

1 ポリシーに同意してショップセクションを追加する

2 ショップセクションにカタログが追加できる

3 ［製品を追加］をタップし、情報を入力する

4 商品の情報が表示される

> **Memo 商品のカタログへの追加**
>
> 手動で追加するため、商品が50件以下の場合に推奨されています。

▲以上、写真提供「@leoryxebloa_official」

　以上でShop Now機能を使うための準備は終了です。続いてInstagramの投稿に商品をタグ付けしていきましょう。

1 プロフィール画面の投稿一覧上［ショップ］というメニューをタップする

2 「タグ付けされた製品の投稿はここに表示されます」という表示画面に移動するので、［投稿を作成］をタップする

> **Memo 画面の公開状態**
>
> 製品がタグ付けされている画像や動画が9投稿以上作成されると画面は公開状態になります。フォロワーやアカウントの訪問ユーザーは、プロフィール画面から［ショップ］をタップすると製品やタグ付けされている投稿のみを確認することができ、購入できる投稿を探す手間を省くことができます。

055

3 ［投稿を作成］をタップすると、カメラロールが開いてInstagramのフィード上の投稿と同じ操作で投稿を作成できる

4 写真や動画の準備ができるとキャプション入力画面へと移る

5 キャプションを入力したら、[製品をタグ付け]をタップする

6 写真の中で商品をタグ付けしたい部分をタップする

7 カタログのデータが表示されるので、該当の商品を選択する

Chapter 3 戦略的にスタート！ 公式アカウントを運用しよう

8 タグが表示されるので、適した位置に移動し、[完了]をタップする

9 キャプション画面に戻ると製品のタグ付けがされたことがわかる

10 タグ付けされた投稿が表示される

▲以上、写真提供「@leoryxebloa_official」

> **注意　製品のタグ付け**
>
> Shop Now機能を利用して製品をタグ付けした場合は、他のアカウントのタグ付けはできません。1投稿につき、タグ付けできるのは5製品までです。複数のタグを付けたい場合は画像をタップして製品を選ぶ手順を繰り返す必要があります。

なお、投稿は再編集が可能で、キャプション内容の編集だけでなく製品タグの編集もできます。再編集をしたい場合は投稿右上にある［…］をタップします。画面下からメニューが表示されたら［編集する］をタップしてください。

また2018年秋、Shop Now機能がストーリーズでも利用可能となりました。ストーリーズに買い物ができる機能が導入され、ストーリーズがコミュニケーションのツールとしての働きをするだけではなく、ショッピングが可能なツールとなりました。

1 ストーリーズを起動し、発売したいアイテムの動画や画像を選択する

2 画像下部を上にスライドすると、「製品」というアイコンが現れるのでタップする

> **Memo ショッピングチャンネル**
>
> Exploreページ（検索機能がある虫めがねアイコンのページ）内にユーザーにパーソナライズして表示する「ショッピングチャンネル」が追加されました。ユーザーがフォローしているショップやサービスの公式アカウントに沿ったアカウントのショッピング投稿が表示され、簡単に買い物ができる仕組みになっています。

Chapter 3 戦略的にスタート！ 公式アカウントを運用しよう

3 製品名入力タグが表示されるので、商品名を入力し、投稿する

4 商品タグをタップすると、詳細が掲載されたURLに飛ぶ

5 投稿が完了した

Chapter 4
思わず指が止まる！
Instagram流 "おしゃれ写真" を演出しよう

本章では高速フリックの中でも思わず指が止まり、「いいね！」が集まる写真が撮れるワンポイントテクニックを紹介します。ユーザーの憧れを演出し、ユーザーの手を止める写真を投稿することはInstagramマーケティングの戦略ではとても重要です。すぐに真似できる投稿テクニックを紹介します。

01 ストーリーを的確に伝えられる写真で、ユーザーの共感を得る

Instagramでは一瞬のフリックの間に見ている人の心をつかむ写真が重要です。その写真がどんな意味を持っているかといったストーリー性を写真の中で伝えることで、ユーザーの共感を得ることができます。

■ あえてきれいに並べずに日常生活の雰囲気を切り取る

普段から自分が使っている小物をそろえずに自然に並べることで、日常生活の一部を切り取った写真が出来上がります。きれいにそろえて並べると、説明的な写真になりおしゃれっぽさが半減してしまいます。また、欲張って小物を並べすぎず、余白を作ることも大切です。

普段自宅で使っているかのように小物を並べて撮影している

> **Point▶ 写真に入れるアイテム数**
> 主役にしたいアイテムを第一に考え、バランスが良くなるように撮影しましょう。写真の中にアイテムをいくつ含むべきという具体的な数字はありません。写真の中で調和が取れていることが最も重要です。

バッグの中身を出して見せ、トンマナを合わせる

　バッグの中身は雑誌でも人気が高い企画です。普段見ることのできない他人のバッグの中身が気になるユーザーも多いはず。バッグの中身を見せるようにして商品を紹介することで目を惹くようにします。

　このような写真を撮影するときは、**バッグの中にあるものの色のトンマナを合わせたり、バッグから商品が出かかっているイメージで配置したりする**と、より目を惹く、共感を得られる写真を作ることができます。なお、「トンマナ」とは「トーン＆マナー」の略で、デザインの一貫性を持たせることを指します。

バッグの中身のトンマナを合わせている

バッグから商品が出かかっているイメージで配置している

> **Point▶ 適切なアイテム数**
> 何を見せたいかわからなくなるので、アイテムの詰め込みすぎは避けましょう。

何品かまとめて撮影することで全体イメージを伝える

　たとえば料理を撮るときは、単品ではなくまとめて撮影することで、料理全体のテーマ感や雰囲気を伝えることができます。次ページの写真のように、盛られた食材の高さに違いがあることでバランスが取りにくくなる場合は、**真俯瞰にカメラ位置を決めて**撮りましょう。丸い器に盛られている料理を撮りたいときも、器の位置にこだわらなくても真俯瞰から撮ると、おしゃれな写真に仕上がります。

料理は何品かまとめて真上から撮影することで、バランスの取れた写真となる

■ファッションは単体よりコーディネートとして見せる

　写真を通して商品の魅力を伝えやすく、購買意欲をかき立てやすいアパレルの商材は、写真の見せ方で雰囲気が変わってきます。**単品よりもコーディネートを見せたほうがユーザーのイメージがわきやすくなります。**

　コーディネートを見せる際には、実際に着用する他に、置いて撮る方法があります。ただ単品で置くのではなく、商品をくしゃっとさせたり、動きを出して素材感を主張したりします。バッグや靴、香水やコスメなど、着用していたら見えない部分の小物のコーディネートをバランス良く添えると、また違った共感を得られるので、応用すると良いでしょう。

　ロングコートや大きめのトートバッグなどを入れてしまうと、他のアイテムとバランスが取れないので、**できるだけミニマムなサイズやアイテムを1カットに収めましょう。**下の写真のように、コーディネートを置いても程良く余白が残っているくらいのバランスが理想です。

単品でなくコーディネートとして撮影することで、ユーザーが着用シーンをイメージしやすい写真になっている

人の気配を入れて、自分自身もその中にいるような感覚を与える

下の写真のように、写真の中に**手元や人の気配**を入れます。人物が入ることで、リアリティのある写真に近づき、ユーザーがイメージしやすいシチュエーションを作ることができます。

さりげなく写真に人物を入れることで、リアリティのある写真になっている

02 構図とアングルを意識して、写真全体の雰囲気を上げる

素敵な写真にするためにはカメラのアングルや構図が重要となります。真上や斜めなどアングルを意識して撮影することで、簡単にこなれた印象の写真が完成します。

平らに置けるものは真上から撮る

　平らに置けるものはデザインを見せることを重視して**真上から**撮りましょう。真上から撮る場合は、照明の位置を意識し、自分の影が写り込まないように注意が必要です。

平らに置けるものは真上から撮影する

被写体を中央からずらしてメリハリを作る

　メインに見せたい商品を**構図の中心から少しずらし**、真俯瞰気味に撮影します。商品を中央に置くのではなく、端に寄せて余白を作ることで写真全体にメリハリが生まれます。

　また、次ページ右の写真のように、商品の下に動きを付けやすい布を敷いて、その上に商品を載せるとさらに抑揚のある写真が完成します。

パンプスを構図の中央からずらして撮影することでメリハリを付けている

商品の下に動きの付きやすい布を敷くことでよりメリハリのある写真となっている

斜めのラインを作りアイテムを並べる

　下の写真のように、右上から左下に斜めに流れるアイテムの置き方と、左上、右下を空けることで生まれる抜け感を利用します。**あえて斜めに並べることで、アイテムに注目させる**ことができます。

右上から左下に流れるようにアイテムを配置している

左上、右下にスペースを作ることで、アイテムに注目が集まる

Point▶ 適切なアイテムの配置場所

アイテムの大きさや形にかかわらず、何度も商品を並べてアレンジし、最も魅力的に見える位置を考えましょう。

S字やC字構図に配置する

　カメラのアングルに対して、**アルファベットのS字やC字を描くように**被写体を置いて撮ります。下の左の写真では、お皿の縁が描く左側の曲線を「C字」として意識し、撮影しています。一部湾曲している被写体を取り入れることで、写真全体に抑揚が生まれます。

お皿の縁をC字として意識して撮影している

三分割、または四分割の構図を意識する

　下の写真のように、画面を縦横三分割や四分割をして見た際、**線と線が交わる交点となる部分に被写体を配置する**撮影のテクニックがあります。被写体を中央から右や左に寄せることで写真に奥行きができるので、そこに何かを意図するようなストーリー性が生まれ、空間を演出することができます。

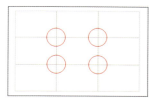

丸のいずれかに被写体を置く

被写体を中央からずらして配置し、写真に奥行きを出している

Chapter 4 思わず指が止まる！ Instagram流 "おしゃれ写真" を演出しよう

03 素材や被写体の特徴が伝わる撮影テクニック

写真がメインのInstagramでは主役となる素材や被写体を活かす撮影が基本です。「インスタ映え」を狙って無理に新しいものや高価なアイテムをそろえなくても、身近なものを使ってトンマナを合わせたり、構図を意識したりして素材を活かすテクニックを習得しましょう。

▌パッケージの中身を見せて、使っているときのおしゃれ感を演出する

　パッケージの魅力だけでなく、カラーバリエーションが豊富なコスメの写真は、**パッケージの中を見せて使ったときのイメージを想起させます**。キャップを開けるだけで中身の立体感がわかるアイテムは、あえてバラつかせるように並べたり、中身の動きを出したりして使用感を出すとおしゃれを演出できます。

　パッケージの中身を見せることで、全体的な鮮やかさも見せることができます。インフルエンサーを起用したPR投稿の場合には実際に使っていることをアピールすることにも効果的です。

口紅のキャップをはずしておくことで、中身の立体感を演出している

アイシャドウを開いて中の色が見えるようにすることで、さまざまなカラーバリエーションが伝わる

▌手で持ち、実際に使っているイメージを連想させる

　スキンケアアイテムのような手に持って使うアイテムは**商品を手に持ったところ**を写真に撮ることで、実際に使っているというリアル感を演出できます。写真映えする背景で日常の1シーンを切り取ったような雰囲気で撮ると、ユーザーに

「おしゃれなアイテムを使っている」というイメージを与えることができます。スキンケアアイテムは、成分や効能に関する情報の記載も欠かせません。キャプションによるフォローも忘れないようにしましょう。

手に持った写真にすることで、実際に使用しているリアル感を演出できる

カラー展開のあるアイテムは中身を出して塗る

　カラー展開のあるコスメの中身を、自分の肌や白紙など**色の違いがわかる背景に塗布する**と、より詳しい商品展開をアピールすることができます。写真のように肌色の違いがわかるコンシーラーの他には、口紅やアイシャドウのカラーバリエーションを見せるのにも使えるテクニックです。違いのわかりやすい背景に塗布することで、色の違いをかわいらしく表現できます。

白色の背景に塗布することで、コンシーラーの肌色の違いが明確になる

肌の上に口紅を塗ることで、カラーバリエーションを見せることができる

高さのある被写体はそれを活かした撮り方をする

　パフェやパンケーキなど、**高さを表現したい被写体はカメラの位置を落として高さを合わせます**。これによって立体感が生まれるので、奥行きを出すことができ、バランスの良い写真が完成します。また、食べ物や料理は**シズル感を覚える一番特徴的な部分を接写で撮影する**と上手に撮れます。食べ物を撮影するときは特に明るさに注意しましょう。

低い位置からパンケーキを撮影することで、写真に奥行きが出ている

食べ物に寄ってアップで撮影することで、よりおいしく見える写真になる

人物を撮るときはカメラ位置を低くする

　人物を撮るときは、**カメラを腰の位置くらいまで落として撮影する**と自然にスタイルアップがかないます。写真上部に抜け感を作ると、さらにこなれた雰囲気になります。また、人物を撮影する際は動いているような写真を撮ると自然な表現ができるので、**被写体が動いている間に連写をする**と良いでしょう。

カメラを腰の位置まで落として撮影すると、スタイルアップの写真が仕上がる

被写体が動いている場面を連写することで、自然な表現の写真となる

04 ちょっとした写真をよりおしゃれにできる！ 番外テクニック

床や鏡、自然など一歩外に出て他の要素を加えることで、写真の見せ方の幅がぐっと広がります。アカウントのトップページにメリハリを付けたいとき、バリエーションを増やしたいときに使えるテクニックを紹介します。

■デザイン性のある床を背景に、足元を撮影する

デザイン性のあるタイルや木目の床は、背景として使えます。素敵な床を見つけたら、真上から足元を撮ってみましょう。下の写真のように素敵な写真に仕上がります。簡単に雰囲気のある写真が撮れるようになるテクニックです。

デザイン性のある床は背景として最適

■壮大な景色を伝えるには写真に奥行きを出す

壮大な自然の風景は、奥行きが出るように、**手前から引いて**撮ります。また、被写体だけが目立ちすぎないように**被写体のファッション**も重要です。風景は斜めに曲がらないよう撮影すると自然となじみやすいです。平行に統一するためには、投稿時水平になるよう調整しましょう。

Chapter 4　思わず指が止まる！　Instagram流"おしゃれ写真"を演出しよう

壮大な自然の風景は手前から引いて撮影し、奥行きを出す

被写体が目立ちすぎないよう、風景に溶け込んだ服装にする

自撮りするより鏡に映った自分を撮るほうがおしゃれに

　自分自身を撮りたいときは、写真映えする鏡がある場所にいるときがシャッターチャンスです。鏡やその周りのインテリアを上手な配置になるように意識して、鏡の中に自分を収めて撮影してみましょう。一気に自撮りがおしゃれに仕上がる簡単なテクニックです。

自撮りは鏡に映った自分を撮影したほうが雰囲気が出る

〈番外編〉おしゃれな壁前を知っていれば、クオリティはもっと上げられる！

　アパレルブランドのアカウントや、ライフスタイルを提案するインフルエンサーの写真を見てわかるように、**作り込んだ背景を利用する**と、手軽に印象的な1カットを撮ることができます。身近な「映え壁」のフォトスポットを押さえて、メリハリの付くクリエイティブ作りを目指しましょう。

おすすめ！ おしゃれな壁前スポット

・ル・ビストロ・ダ・コテ（東京）

　新宿御苑にあるカジュアルフレンチ「ル・ビストロ・ダ・コテ」のピンクの外観は女子人気の高い映えスポット。お料理も絶品だそう。

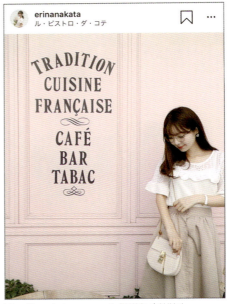

https://www.instagram.com/p/BW14gekAHHv/

・Little Darling Coffee Roasters（東京）

　公園が広がる南青山一丁目に位置する都心のコーヒーロースターカフェ「Little Darling Coffee Roasters」は倉庫跡地をリノベーション。写真映えばっちりなアートやグラフィックが見どころ。

https://www.instagram.com/p/Bqq2mSPA7g4/

・**CROSSROAD BAKERY（東京）**

　恵比寿にある「CROSSROAD BAKERY」。朝から夜まで楽しめるカフェで、外観だけでなく、店内のインテリアもフォトジェニックです。

https://www.instagram.com/p/Bm4SjeGnfhE/

・**恵比寿ガーデンプレイス（東京）**

　「恵比寿ガーデンプレイス」はレンガ壁の背景やグリーンを入れられるスポットも。駅からのアクセスも良い複合施設です。

https://www.instagram.com/p/BnTRg47BD97/

・**THE BEACH YOKOHAMA（横浜）**

　横浜の港の見える丘公園近くにオープン。海外のビーチリゾートのようなロケーションでウエディングからカフェ、スタジオなどマルチに利用が可能。

https://www.instagram.com/p/BnXPa5anwZR/?utm_source=ig_share_sheet&igshid=1wdrwc00yq0lc

・**ホテル北野クラブ（神戸）**

　神戸の街並みが見渡せるフォトジェニックな施設。西海岸テイストのルーフトップでは、ピンクのネオンライト前がフォトスポットとして人気。

https://www.instagram.com/p/Bkc1pFggW6b/

・**志摩地中海村（三重）**

異国情緒あふれるリゾート施設「志摩地中海村」。リゾート地を思わせる真っ白な壁に飾られたカラフルな植物が映えます。

https://www.instagram.com/p/Bj1JAsABRa7/

・**とびしま海道（広島）**

瀬戸内海に浮かぶ島々をつなぐ連絡架橋ルートの「安芸灘とびしま海道」では、絶景だけでなく、デザインチックな床を発見！

https://www.instagram.com/p/Bpo6viMF0D7/

・okinawasun（沖縄）

　カラフルでかわいらしい壁が特徴のカフェ「okinawasan」は店内のインテリアやメニューもかわいいと定評あり。

https://www.instagram.com/p/BqPlmWNlq6L/

・American Village（沖縄）

　広大な敷地にアメリカンな雰囲気の漂う商業施設が建ち並ぶ「American Village」。異国情緒漂う建物は写真映えするスポットがたくさん。数ある沖縄の観光スポットのひとつです。

https://www.instagram.com/p/Bhx8N0DBCf0/

Chapter 4　思わず指が止まる！　Instagram流 "おしゃれ写真" を演出しよう

05 写真の魅力を200％アップする おすすめアプリ

素敵な写真をアップするのに欠かせないのが、写真加工アプリの存在です。写真を加工し、雰囲気を統一することでアカウントらしさが確立できます。

細かな修正を効かせて画像のクオリティを上げる

的確な画像の修整ができる**レタッチ機能**が付いたアプリなら、手間をかけずに望み通りの画像が完成します。

①**Adobe Photoshop Fix**　https://www.adobe.com/jp/products/mix.html
　今までパソコン上で作業せざるを得なかった画像編集ソフトがスマホアプリで登場。画像の高品質な復元、修復、明るさの編集などが可能です。

・**レタッチと復元**
　画像をゆがめる、修復する、スムーズにする、明るく&暗くする、の調整が可能。

・**編集と調整**
　ペイント、カラー調整、周辺光量補正、露出量、コントラストと、彩度、焦点といった画像編集に欠かせない機能がそろっています。

・**大きなファイルの作業も可能**
　高解像度画像の編集が可能。レタッチした画像はそのまま送信できます。

〈before〉　〈after〉

暗い画像を明るくしたり、背景を鮮やかな色に変えたりすることができる。また、髪色の変更も可能

②Touch Retouch　https://www.adva-soft.com

　「クイックリペア」という機能で写真から消したい部分を指でなぞると、その部分を写真から消すことができます。240円（Android版では210円）と有料ですが、ユーザーの高い評価を得ています。

1 手前を通った通行人が気になる

2 「ブラシ」のツールを選択し、消したい部分を指でなぞる

3 加工後、もともと写っていなかった右端の手すり部分が気になるのでトリミングする

4 手すりが消えて完成

Instagramで大切な「色感」を操る

一度、アカウントで投稿する画像の方向性を決めたら、**画像の「温度感」をキープ**しましょう。画像の色感や質感を手軽に変えられるアプリを利用することがポイントです。

①**InstaSize** 　https://medium.com/@InstaSize

アプリ内は日本語表記なので操作がしやすく、インスタグラマーに人気の高いグレーの色味が基調となる加工や画像に粗さを出す加工が簡単に仕上がります。また、フレームが付けられるので手間なく今っぽいアレンジを利かせられます。長方形サイズの画像を正方形に調整する機能もあります。

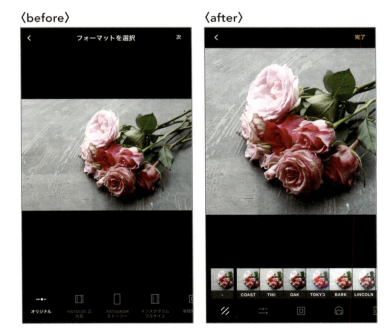

②VSCO　https://vsco.co/

　人気インスタグラマーもこぞって使っている写真加工アプリです。130種類のフィルター、トリミング、色調整などでInstagramっぽさを出す加工が簡単にできます。Instagramでは、「#vsco」や「#vscocam」というハッシュタグがそれぞれ2億件程度も付けられています。

　VSCOを使って施した加工を「レシピ」として保存できるのも特徴です。自分が加工した「加工具合」を保存しておけるので、次に投稿する際に別の写真でも同じ加工を使えるようになっています。

　毎回同じ加工をすることで、Instagram上での世界観の統一ができます。ブランドのテイストやシーズンごとにフィルター（プリセット）を統一して、ブランディングイメージを表現していくツールとしてとても便利なアプリです。

　このようにフィルター（プリセット）を使うと雰囲気が大きく変わりさまざまな写真を楽しむことができます。有料でプリセットのパックを購入することも可能です。

〈before〉

〈after〉

③**Foodie** https://foodie.snow.me/

　「インスタ映え」する色味の強い加工が簡単に作れる、食べ物の写真に特化したフィルターが豊富です。食べ物は「おいしそう」に見えることが肝心です。Foodieを使えば、食べ物が簡単においしそうに見えるように撮影できます。細かい作業や項目が少ないので写真加工初心者向けでもあります。

　食べ物の撮影に特化したアプリですが、青やピンク系のフィルターが人気で、小物や風景の撮影で使っても色鮮やかな加工ができます。

〈before〉 〈after〉

食べ物の場合

〈before〉 〈after〉

食べ物以外の場合

被写体をより魅力的に見せる変身アプリを利用する

特にアパレルブランドや美容系商材を扱うアカウントに欠かせないのが、**変身系アプリ**です。全身のスタイルアップや顔写真の自然なレタッチを可能にします。

①Spring

人物の写真を扱うときに押さえておきたい編集機能が豊富です。足の長さや細さを変える、顔を小さくする補正加工に特化し、操作方法がわかりやすいのと、ナチュラルな仕上がりが特徴として挙げられます。

1 全身が写っていて、ごちゃごちゃとしていない背景の写真を選ぶ

2 ○の中に頭の位置を設定したら、< >をスライドさせ体の幅を調整する

3 全体的に細くバランスの良い体型に仕上がる

〈before〉

〈after〉

小顔加工と首を長くする加工も簡単かつ自然にできる

②Meitu　https://mt.meipai.com/phone/

　全身修正以外でも、顔の幅をスリムに補正、シャープに調整できる機能のほか、美白、美肌、目が大きくなるなど、ピンポイントで補正する機能を搭載。バーを大きくスライドさせても不自然にならないので、より自然に仕上げたいときに向いています。足を伸ばしてスリムに変身させてくれる足長補正効果もあります。

1　「編集」を開き、明るさと肌質など気になる部分を調整する。「自動」を選ぶと、自然な調整が可能

2　「写真補正」から「体型」をセレクトし、「身長」「スリムな脚」を調節する

3　「身長」のバーを右までスライドすると、身長を伸ばすこともできる

4　修正が完了した

プロフィール画面を操作しブランディングを徹底する

　公式アカウントを運営する上で覚えておきたいのが**プロフィール画面操作のアプリ**です。過去の投稿写真とこれから公開を予定している写真を並べたときのトップページのバランスの把握に使えます。

①UNUM　https://unum.la/
　過去の投稿の色味やバランスでこれから投稿する予定の写真を追加できます。写真は18枚まで追加することができるので投稿の予定が立てたいときに便利。投稿時間を解析でき、リマインド機能も付いているので忘れずに投稿を完了できます。

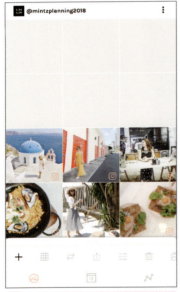

1 何もしていない状況。すでに投稿している内容

2 下の＋マークから投稿候補の写真を選択する

Chapter 4 思わず指が止まる！ Instagram流 "おしゃれ写真" を演出しよう

3 なるべくたくさんの候補写真を入れる

4 クリックスライドしながらバランスを整える

5 今まで投稿したハッシュタグの管理なども可能。一度使ったものをワンクリックで入れられる

6 フィードを決めておけばここから投稿も可能

087

②Layout from Instagram

　複数の画像を自由に組み合わせて、オリジナルの正方形レイアウト画像を作成でき、Instagramと連携するコラージュ作成アプリ。最大9枚までの写真を1枚のコラージュ画像として作成することができます。アカウントのトップページのレイアウトを前もって決めることができます。

1 アプリを起動させ、カメラロールに接続したらレイアウトしたい画像を選択する

2 画像数に応じて、数パターンのレイアウトが上部に表示される

3 9分割のレイアウトを選択する

4 セレクトした画像を指でドラッグしてレイアウトの配置を決める。枠に入れた画像は1枚の画像として保存が可能

Chapter 5
動画の基本投稿とストーリーズの活用

Instagramの動画には、通常投稿の動画モード、24時間で消えてしまうストーリーズ、ライブ形式で生配信できるInstagramライブがあります。本章では動画投稿の基本的な手順を紹介します。

01 通常の動画投稿

Instagramといえば、写真の投稿がメインと思われがちですが、使い方によっては動画も集客などに大きな効果を発揮します。

Instagramで動画を投稿する

　Instagramでは最長60秒の動画投稿が可能です。内容が単調な動画は最後まで再生されず、ユーザーが途中で飽きてしまう原因となります。

　ブランディングを反映したクリエイティブの投稿が求められるので、動画を用いたブランディングは「**どのようにすればInstagramに集まる人たちの興味を刺激することができるのか**」をまず考えます。バナー広告ではなく、雑誌の広告クリエイティブのようなイメージで、見ている人の共感を得られるようなストーリー性のあるもの、ユーザーにとってためになる情報が含まれ、かつ動きのあるクリエイティブが理想です。動画の作成は既存の写真を使用したり、スマホで編集したりすることもできます。

動画の基本的な撮影、投稿方法

　通常投稿の動画の撮影から投稿までの方法を簡単に説明します。Instagramの投稿作業はシンプルです。

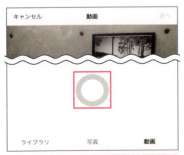

1 Instagramホーム画面の十字ボタンをタップし、「動画」モードを選択してカメラを起動させ、中央の丸を長押しして撮影する

> **Memo　ホームボタンの長押し**
> ホームボタンを長押ししている間だけ撮影ができ、指を離すと録画が停止します。再び長押しをすると録画が再開されるので、カットの切り替えやコマ撮りのような動画を作成することができます。撮影は最長60秒です。

> **Memo　動画の削除**
> 撮影した動画は録画ボタン下の［削除］をタップすれば削除できます。

Chapter 5 動画の基本投稿とストーリーズの活用

4 音声のオン、オフを指定する

5 撮影、編集が完了したら、[次へ]をタップする

2 フィルターの選択画面が開くので、フィルターを選ぶ

3 サムネイルとなるカバー写真を指定する

Memo フィルターの種類
フィルターの種類は写真と同じです。

6 動画が完成したら、キャプションやハッシュタグを書き込む

7 [シェアする]をタップすると動画が投稿される

02 ストーリーズの投稿

Instagramの動画の中で一番の特徴を持つものがストーリーズです。期間限定のキャンペーンに使用するなど、上手に活用すれば大きな効果を得ることができます。

24時間でデータが消える動画

　オンタイム動画のストーリーズはタイムラインには反映されず、テーマ性を持たない日常の一コマとして、通常の動画より気軽に投稿することができます。
　ストーリーズの一番の特徴は**24時間で消える**ということです。24時間だけ有効なキャンペーン情報や限定イベント、商品の広告を配信することで、その限定性にユーザーの注目が集まる傾向があります。
　具体的には、次のような情報の告知に最適です。

・限定クーポンの紹介
・タイムセール中の商品の紹介
・ストーリーズ広告閲覧者限定のキャンペーン

　話題性のあるストーリーズ広告を載せることで注目が集まり、フォロワーが増えることも考えられます。
　「フリック」とは特定の一点を起点として、上下左右に振る操作を指します。端末の画面を1フリックすることで、通常投稿だと1フリック最大5投稿の確認が可能です。ストーリーズの投稿は1フリックで1投稿の認識が可能なので、ユーザーの目にとまりやすいことも特徴として挙げられます。
　こうした通常の動画投稿との機能の違いを把握し、24時間以内で消えることを想定するならばストーリーズに、フィードに残したい動画なのであれば通常投稿にと使い分けましょう。

ストーリーズの基本的な撮影、投稿方法

ストーリーズの投稿は、写真や動画を公開するということでは通常の動画投稿と大きな違いはありません。ここでは、ストーリーズ固有の機能を中心に解説していきます。

1 フィード画面の左上にあるカメラアイコンをタップするか、画面の左端から右にスワイプし撮影画面に移動する

2 カメラが起動する

> **注意　撮影モードを選択する**
>
> BOOMERANGを起動し、右端にある顔のアイコンをタップすると、さまざまなフィルターが現れます。遊び心をくすぐるフィルターが多く、ストーリーズをよく利用するユーザーに人気です。

Memo ストーリーズの撮影モード

画面下部からタイプ、ライブ、通常、BOOMERANG、SUPERZOOM、フォーカス、逆再生動画、ハンズフリーという撮影モードの選択が可能です。中央のボタンを長押しすると指を離すまでの最大15秒の動画の撮影が、タップすると写真の撮影ができます。

撮影方法	内　容
タイプ	写真や動画ではなく、カラフルな背景に文字のみを入力して投稿するもので、数種類のパターンを選ぶことができる
ライブ	・ライブ配信というリアルタイムの中継を開始する ・配信時間は最大1時間で、ライブ配信の終了後は最大24時間まで視聴が可能
通常	・録画ボタンを押した時間のみ、録画が可能 ・タップすると写真が撮影できる
BOOMERANG	逆再生と再生の細かな動きが繰り返され、コミカルな動画が仕上がるショートムービー
SUPERZOOM	画面の中心に向かって自動的にズームになる機能で、音響効果を選んで投稿することができる
フォーカス	人物の顔を認識し、背景をぼかしたポートレート撮影ができる
逆再生動画	撮影した動画が逆再生で投稿される
ハンズフリー	録画ボタンを押さずにタップするだけで、録画することができる

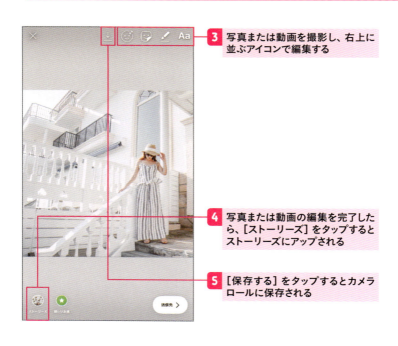

3 写真または動画を撮影し、右上に並ぶアイコンで編集する

4 写真または動画の編集を完了したら、[ストーリーズ]をタップするとストーリーズにアップされる

5 [保存する]をタップするとカメラロールに保存される

過去に撮った写真や動画をストーリーズに投稿する

過去に撮った写真や動画をカメラロールから選択し投稿することもできます。

1. ストーリーズのカメラアイコンを起動し、[カメラロール]をタップする

2. 端末のカメラロールに保存された写真や動画の中から投稿したいものを選んでタップする

3. 選択した写真や動画の編集画面に移る

4. 編集が終わったら、[ストーリーズ]をタップすると投稿を追加できる

> **Memo　ストーリーズの投稿の削除**
>
> ストーリーズの投稿を削除するには、アップした投稿の右下にある[もっと見る]をタップし、[削除]をタップします。

ストーリーズの投稿の保存

投稿したストーリーズは24時間以内であれば、端末に保存することができます。

1 アップした投稿の右下にある［もっと見る］をタップする

2 ［保存］をタップする

3 ［動画を保存］と［ストーリーズを保存］が選択できるので、そのときに表示されている画像か動画を端末に保存したい場合は［動画を保存］をタップ、ストーリーズに投稿されている複数の画像、写真をまとめて保存したい場合は［ストーリーズを保存］をタップする

ストーリーズのアーカイブ機能

　ストーリーズは通常24時間で削除されますが、自分のアカウント上で自分だけが確認できる非公開の状態にして残せる**「アーカイブ」機能**があります。これにより、自動的に保存されます。プロフィール画面の左上（Androidでは右上）にある時計のアイコンで確認できます。ただし、24時間で自動削除する前に投稿を削除する動作を行うと、アーカイブには残りません。ビジネスシーンで利用するときには、各ストーリーズの足跡機能をはじめ、前述したデータを確認でき、過去のストーリーズデータを確認、共有することができます。

Chapter 5　動画の基本投稿とストーリーズの活用

1　アーカイブの中からストーリーズを選択する

2　アーカイブの中からストーリーズを選択後、[もっと見る]をタップする

3　[削除][動画を保存][投稿としてシェア]を選択できる。通常のフィードにシェアすることも可能

4　アーカイブの一覧で[…]をタップすると保存の設定ができる

> **Memo　ストーリーズの投稿を自動的にアーカイブしたくないときは**
>
> ストーリーズを投稿後24時間経過した後に自動的にアーカイブしたくない場合は、プロフィール画面の左上にある時計のアイコンをタップし、右上にある設定アイコンをタップします。「アーカイブに保存」という選択から、オフに設定しておきましょう。

ストーリーズの公開範囲

ストーリーズの公開範囲はアカウントのプライバシー設定に準じているので、非公開アカウントの場合は承認したフォロワーだけがストーリーズを見ることができます。

リストに友達を追加する

親しい友達リストを作成して、リストに含まれる友達にだけストーリーズをシェアできます。

逆にストーリーズを非公開にしたい特定の相手を選んで設定することもできます。ストーリーズ撮影画面の左上にある歯車形のアイコンから設定メニューを開いて設定します。ただし、通常公式アカウントは広い公開を目的としているので、特定の相手に対し非公開設定をすることは少ないです。

1 プロフィールに移動し、［親しい友達］をタップする

2 リストの中からストーリーズをシェアしたい友達を選択する

3 親しい友達リストが作成された

Chapter 5 動画の基本投稿とストーリーズの活用

特定の相手のストーリーズを非表示にする

特定のユーザーのストーリーズを見たくない場合、非表示にすることもできます。

3 指定した相手のストーリーズが非公開になった

1 非表示にしたいユーザーのアイコンを長押しする

2 ［ストーリーズをミュート］をタップする

足跡機能で閲覧者を確認する

　足跡機能を見ると、**どのユーザーがストーリーズを閲覧したか**を確認することができます。自分が投稿したストーリーズを開くと、画面下の中央に閲覧したユーザーのアイコンと閲覧者数が表示されます。アイコンマークをタップするとストーリーズを見たユーザー名とアイコン画像の一覧が表示されます。

ストーリーズの足跡機能

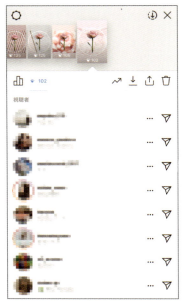
ストーリーズを見たユーザー名とアイコン画像の一覧

> **注意　閲覧者数のカウント**
> 同一アカウントが何度も投稿を見ても、閲覧者数は増えません。1つのアカウントにつき、1回としかカウントされないということです。

ストーリーズに寄せられたメッセージへの返信

　ストーリーズに寄せられたメッセージはダイレクトメッセージに届くので、トップページ右上のアイコンをタップします。返信をするときには返信先をタップし、コメントを入力して、[送信]をタップすれば返信完了です。

　長く残り、多くのユーザーの目にとまる通常投稿と違い、ストーリーズはフォロワーとのコミュニケーションツールのような役割があります。ダイレクトメッセージは小まめに返信することで、ファンの獲得につながるので、既存の顧客やファンに向けた**イベントなどの告知の場**としても使えます。また、「既読した」という証拠としてハートマークのスタンプで返信を済ませる方法もあります。

　メッセージを受け取る相手を限定したりメッセージを受け取らないように設定したりすることも可能です。

Chapter 5　動画の基本投稿とストーリーズの活用

03 ビジネスに活用可能！ストーリーズのさまざまな機能

ストーリーズにはビジネスにも活用できるさまざまな機能があります。こちらでは、それらの機能について詳しく見ていきます。

ストーリーズステッカーを活用する

　ストーリーズではテキストや手書きの装飾のほか、**ステッカー**を貼ることができます。シンプルすぎる写真や動画が気になるとき、パッと映えるクリエイティブを簡単に作ることができます。

　ストーリーズで写真や動画を撮影、またはアップロードした上で、右上にある顔のアイコンをタップし、トレイ画面を開きます。トレイ画面をスクロールするとスタンプが表示されます。表示された中から好きなステッカーをタップして貼り付ければ完成です。選択したステッカーは位置や大きさ、傾きなどが変更できます。

　ステッカーは、大きめのものをはじめ、普段スマホの端末で文章を作るときに使用する絵文字など見慣れたステッカーまで多種多様な種類があります。年末年始などにはホリデーシーズン用が登場します。

ストーリーズステッカーにはさまざまな種類がある

ハッシュタグ機能でリーチしやすいストーリーズを投稿する

　投稿を一般公開しているアカウントのストーリーズならハッシュタグを付けることで、**フォロワー以外に同じ話題に関心のあるユーザーから投稿を見てもらえる可能性が高くなります**。たとえば、「#ootd」や「#ライダースコーデ」など抽象的なフレーズを使用することで、ターゲットにリーチしやすいストーリーズを投稿することができます。

1 トレイ画面で［#ハッシュタグ］をタップする

2 ハッシュタグを入力する

3 ［ストーリーズ］をタップする

> **Memo　ハッシュタグの色の変更**
> 入力したハッシュタグをタップすると、色を変えることができます。

> **Memo　ハッシュタグ一覧**
> ストーリーズ内の［ハッシュタグを見る］をタップすると、同じハッシュタグが付いた通常投稿が一覧で現れます。

Chapter 5　動画の基本投稿とストーリーズの活用

位置情報で見つけてもらう

　ストーリーズステッカーでは、トレイ画面にある［位置情報］をタップすると、**場所の情報を掲載する**ことができます。

　位置情報には店舗名などを入力することもできますが、「渋谷」「SHIBJYA」といった広い地名を入力することで、新規で発見してもらうきっかけを作ることができます。

1 トレイ画面にある［位置情報］をタップする

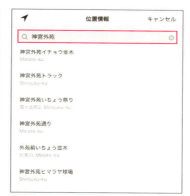

2 位置情報を入力する欄が出てくるので、場所を入力する

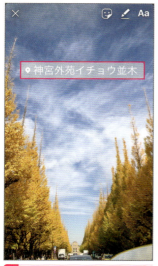

3 位置情報タグが表示される

4 ストーリーズに投稿した位置情報をタップすると、「場所を確認」というアイコンが表示され、その位置の地図と投稿写真を見ることができる

5 ［ストーリーズ］をタップして編集を完了する

> **Memo　文字が見にくいとき**
>
> 文字が見にくいときは、位置情報タグをタップすると白地のステッカーに変わります。

現在地の気温を表示して温度感を発信する

トレイ画面にある［℃］をタップすると、現在地の気温が表示されたステッカーを貼ることができます。

ステッカーを貼り付けた後にそのステッカーアイコンをタップすると、数字がイラストに変わったり、華氏に変わったりするなど2種類（Androidでは4種類）のパターンで表示されます。

たとえば現在5度の気温のステッカーを表示して、温かいコーヒーや厚手のアウターを使用したコーディネートの画像や動画を投稿

気温のステッカー

するなど、ユーザーが気温を確認することで、集客につながるサービスやブランドのアカウントで利用できます。また、観光地を運営するアカウントであれば、現在の気温を表示することで、これから来る予定の観光客の服装の目安を掲示することができるなど、幅広い活用法が提案できます。

> **注意　Androidの気温のステッカー**
> Androidには気温のステッカーがありません。

気温が表示されたステッカーには4つのパターンがある

撮影した時刻を表示してリアルな状況を知らせる

トレイ画直にある時刻表示をタップすると、写真を撮影、または画像を保存した時刻が表示されたステッカーを貼ることができます。

貼り付けたステッカーをタップすると、パネルに表示されている時刻、文字盤での表記、数字のみの表示、と3種類のパターンで表示されます。

たとえば、飲食店においてお店の混雑状況、繁忙時間から少し外れた時間帯での店舗状況を、時刻ステッカーを貼り付けた画像や動画で投稿（お知らせ）することで、ユーザーが来店時間を考慮できる、というサービスに結びつけることができます。リアルタイムの状況を知らせるツールとして利用するのが好ましいです。

時刻のステッカー

時刻表示には3つのパターンがある

カウントダウンして、ユーザーの行動をあおる

カウントダウン機能は、新商品発売や新店舗オープン、セールのスタート、タイムサービスなど、指定の時間までのカウントダウンをお知らせする際に使える機能です。

カウントダウン機能

動くGIFスタンプでストーリーズを盛り上げる

ストーリーズに表現豊かな**動くGIFスタンプ**機能が追加されました。ストーリーズを盛り上げ、ユーザーの目にとまるクリエイティブを作成することができます。

ストーリーズで写真や動画を撮影、またはアップロードした上で、右上にある顔のアイコンをタップし開きます。すると位置情報やハッシュタグ、メンションなどのスタンプのトレイ画面にGIFが表示されます。

たとえば「花」にまつわるGIFスタンプを検索したい場合、画面上部の検索バーに「花」とキーワードを入力すると、好みのGIFスタンプが見つけやすくなります。

GIFが表示された画面

花のGIFスタンプ

GIFスタンプで彩ったストーリーズの画面

アンケート投票機能でユーザーの生の声を聞く

ストーリーズでは専用のスタンプを使用すると、閲覧しているユーザーに二択の回答を求めるアンケート投票機能があります。**実際に閲覧するユーザーの声を聞ける**ので、たとえば商品発売前にユーザーにアンケートを採るなど、商品開発に活かすことができます。

1 トレイ画面の[アンケート]をタップする

2 質問を入力する

ストーリーズを閲覧したユーザーは、どちらかの選択肢をタップすることで投票に参加できます。投票を投げかけた側は画面を上にスワイプすると投票結果を確認でき、またどのユーザーがどちらに投票したのかを知ることも可能です。

投票結果画面

ユーザーごとの投票結果を確認できる

同じように、ユーザーに質問を投げかける**「質問スタンプ機能」**があります。質問スタンプではテキストを入力すれば自由に回答や返信ができます。アンケート投票機能よりも具体的な細かい内容を質問することができるので、ユーザーとより深いコミュニケーションを取ったり、意見を共有したりできます。

1 トレイ画面で[質問]をタップする

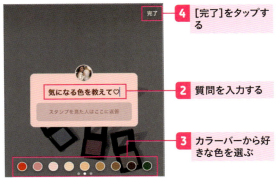

2 質問を入力する

3 カラーバーから好きな色を選ぶ

4 [完了]をタップする

> **Memo** ステッカーを貼る位置
> ステッカーは、好きな位置に動かすことができます。

> **注意** Androidでのカラーバー
> Androidではカラーバーは上部にあります。

　質問スタンプに届いたユーザーからのメッセージはシェアすることができます。

Chapter 5 動画の基本投稿とストーリーズの活用

1 [既読]マークをタップする

2 [すべて見る]をタップする

3 [返信]をタップする

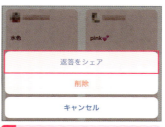

4 [返答をシェア]をタップする

5 撮影画面が表示されるので、質問スタンプの背景を新たに撮影したいときは撮影ボタンを、既存の写真から選びたいときはフォトライブラリから選択する

6 返答がシェアされた

109

絵文字スライダーで好きの度合いを調査する

二択のアンケートや質問を投げかけることができる機能の他に、ストーリーズでは「どれくらい？」という質問ができるアンケート機能が「**絵文字スライダー**」です。アンケートや質問ほど細かく聞けないことに対して意見を集めることで有効活用できる機能です。ユーザーが参加するハードルもアンケートや質問より低く、ユーザーの気持ちの平均値を見ることができます。「好きの度合い」を推し量ることにより、アンケートの答えの幅が広がります。

1 トレイ画面で目がハートの顔文字アイコンをタップする

4 [完了]をタップする

2 質問を入力する

3 カラーバーから好きな色を選ぶ

> **Point▶ 絵文字スライダーを利用する場面**
>
> 「はい」「いいえ」で答えられない絵文字スライダーの質問内容としては「度数」で投げかけるのが効率的です。

> **Memo** 絵文字スタンプの変更
>
> 絵文字スタンプは、多くのバリエーションの中から選択できます。
>
>
> 絵文字スタンプは多くの種類の中から選択できる
>
>
> 絵文字スライダーが変更された

投票後はストーリーズを再度タップすると、アンケート結果と閲覧したユーザーが確認できます。

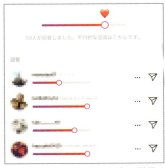
アンケート結果と閲覧したユーザーが確認できる

自分がタグ付けされたストーリーズの内容をリポストする

前述したメンションステッカーを付けることで、**自分のストーリーズ投稿内に他ユーザーをタグ付けする**ことができます。タグ付けされたことで、他ユーザーはそれを自身のストーリーズに反映することができます。

ビジネスでの活用法としては、ユーザーが自社のアカウントをタグ付けし投稿してくれた際に、自社のアカウントのストーリーズでお礼を返すと、投稿してくれたユーザーと密なコミュニケーションを取ることができ、ユーザーからの好感や信頼を得るきっかけにもなります。

> **注意　動画のリポスト**
>
> 動画をリポストする場合、写真に置き換わるため、動画をリポストすることはできません。また、リポストが許可されているのは、公開アカウントがアップした投稿のみなので、非公開のアカウントから投稿された写真や動画はリポストできません。

1 他ユーザーがストーリーズで自分をタグ付けすると、トップページの紙飛行機のアイコンにお知らせが通知される

2 これをタップすると「ストーリーズであなたについて書きました」と表示される。ストーリーズ機能内なので、こちらのお知らせも24時間限定

3 ［これをストーリーズに追加］をタップする

4 自分のストーリーズ投稿編集画面が表示されるので、好きなフレーズ（たとえば「THANK YOU」）をメンションで入力し、［ストーリーズ］をタップする

5 ストーリーズのリポストが完了

ストーリーズのハイライトをアップする

通常24時間経つと削除されるストーリーズの投稿ですが、ハイライト機能を活用すれば、プロフィール上に表示させ続けることができます。Instagramのプロフィール画面上に丸い枠で表示されているのがハイライトです。タップすると再生できますが、非公開アカウントの場合はフォロワーのみとなります。

ストーリーズのハイライト

ハイライトの特徴としては、削除しない限り表示され続けるので、**お気に入りの投稿や反響が大きい投稿を載せると良い**でしょう。

ハイライトを作るには2つの方法があります。すでにアーカイブ上にあるストーリーズをピックアップする方法と、投稿後24時間以内のストーリーズ投稿の再生画面からハイライトに追加する方法です。

アーカイブから作成し、追加する方法

投稿したストーリーズを自動的にユーザーから見えない状態で保存しておく「ストーリーズアーカイブ」機能があり、これをオンにしておくことでアーカイブ上から過去（24時間以降のものも含む）のストーリーズを取り出し、ハイライトを作成することができます。

1 設定の[ストーリーズコントロール]をタップし、[アーカイブに保存]がオンになっているか確認する

2 プロフィール画面を開き、[新規]をタップしてアーカイブを表示する

3 ハイライトに追加したいものを選択し（複数選択も可能）、[次へ]をタップする

4 [カバーを編集]をタップし、カバー写真を選んだら[完了]をタップしてタイトルを入力後、[追加]をタップする

Memo　タイトルの入力文字数

タイトルは、最大15字まで入力することができます。入力後[追加]をタップします。カバー写真とタイトルは後から編集も可能です。

タイトルは15文字まで入力可能

ストーリーズから作成し、追加する方法

投稿して24時間以内であれば、ストーリーズの再生画面からハイライトを作成し、追加することもできます。

1 フィード画面上部のストーリーズトレイから自分のストーリーズをタップする

2 ハイライトに追加したいストーリーズ投稿が表示されたら、右下のハイライトをタップする

3 [新規]をタップする。このとき既存の別のハイライトを選ぶと、そのハイライトに追加される

4 新規でハイライトを追加する場合は、さらにタイトルを入力し、[追加]をタップする

なお、既存のハイライトは写真や動画を追加したり、カバー写真やタイトルを変えたりするなどの編集が可能です。

1 アイコンにしたい画像をストーリーズに投稿する

2 ストーリーズの中にある画像をハイライトに投稿する

3 投稿した画像をカバー編集する

4 編集が完了した

デザイン性のあるアイコンに設定し、タイトルには統一感を持たせると、トップページのプロフィール欄下に並んだときに見栄えの良いハイライトが完成し、ここでも統一感のあるブランディングを構築することができます。

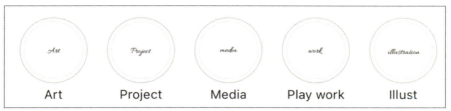
デザイン性のあるアイコン

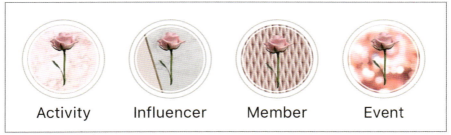
ハイライトの上手な並べ方

04 動画配信ができる インスタライブとIGTV

インスタライブとIGTVでは、これまでの動画機能と異なり、長時間の動画を投稿できます。しっかりとしたメッセージを伝えたいときに利用してみましょう。

IGTVとインスタライブ

　2018年6月に公開されたInstagramの新アプリ「IGTV」では録画時間10分間までの動画投稿が可能になりました（特別なアカウントでは60分間可能）。また、ストーリーズの機能のひとつとして利用ができる「ライブ配信」ではフォロワーにリアルタイムの動画配信を行えます。

Instagramライブ配信機能

　たとえばキャンペーンイベントを催す際に、当日参加できないユーザーに向けて、Instagramライブ配信を通して、イベントの様子を配信でき、**ユーザーとのリアルタイムなコミュニケーションを可能にしました**。他には、アパレルブランドの公式アカウントにおいて、着用イメージを見せつつ、担当者がユーザーから寄せられる質問に答えるような実例も挙げられます。一方的にコメントやアクションが寄せられるストーリーズの投稿と違って、ライブ配信中にコミュニケーションを取ることができるのがInstagramライブ配信の特徴です。

　ライブ配信を開始すると、Instagramのアプリを利用中のフォロワー全員に通知が届きます。またフォローをしていなくても、虫めがねマークをタップすると、人気の高い配信者でライブ配信をしているアイコンが表示されます。

　ライブ配信の始め方は簡単です。次で手順を見ていきましょう。

Chapter 5 動画の基本投稿とストーリーズの活用

1 ストーリーズの作成画面を起動する

2 「ライブ」を選択し、[ライブ配信を開始]をタップする

3 配信が始まるまでに「接続を確認中です」と表示されるので、「キャンセル」で取り下げることも可能

4 [終了する]をタップするとライブ配信が終了する

> **Memo リプレイ動画としてシェアする**
>
> 2017年6月より、配信したライブをリプレイ動画としてシェアできる機能が追加されました。リプレイ動画はシェアしてから24時間ストーリーズ投稿として表示されます。このリプレイ動画は画面の左右をタップすることで、早送りと巻き戻しができます。また、ライブ終了後、[保存]をタップすると端末に動画を保存することができます。

　公式アカウントでInstagramのライブ配信を活用してみましょう。後から確認できないライブ配信は、作り込んでアップする通常投稿と差を付け、ライブ配信中はユーザーとのコミュニケーションを積極的に取るなど、自社のアカウントを身近に感じてもらえるようなコンテンツとして発信しましょう。また、ユーザーがInstagramを視聴している時間帯を意識することや、事前にライブ配信を通常投稿や他のSNSで告知をしておくと、閲覧者の増加に期待が持てます。

IGTVを活用する

　IGTVは2018年6月に始まった縦長フォーマットの長尺動画で、Instagramのアカウントがあれば誰でも利用できる、動画に特化したアプリです。スマホ画面の縦長の四角形に合わせてフォーマットが決められています。

　ストーリーズはInstagramのアプリから直接撮影したものを投稿するのがメインですが、IGTVはアプリから直接撮影できず、すでに端末に保存されている動画しかアップロードできません。

　IGTVは画面を開くと動画が再生されるので、テレビを観ている感覚で他の動画に切り替えられます。YouTubeのように、関連動画の欄から探すのではなく、横にスワイプするだけで、他の動画の視聴に移ることができます。

　また、IGTVにはまだ広告がありません（2018年10月現在）。再生中に広告が表示されないので、スムーズに視聴を楽しめるのも特徴として挙げられます。

　IGTVは動画への切り替えが簡単なので、**コンテンツ力が問われます**。ストーリーズより長い視聴時間が確保できた分、ドラマのようなストーリー性やエンタメ性が問われるので、作成に関して配慮が求められます。また、縦長に特化しているので、動画を投稿する際は**サイズ感への注意が必要**です。始まって間もないIGTVですが、アカウントを持つ側にはアプリの特徴を把握し、ユーザーにとって有益な情報を提供することが求められるでしょう。

Chapter 6
ビジネスに活用！
マーケティング方法と広告運用

Instagramは企業のブランディングや商品の購買意欲促進、ユーザーとのエンゲージメントの拡大などさまざまな目的に応じて、効果的に使えるマーケティングツールです。各KPIを定め、ユーザーの共感を得てエンゲージメントにつなげることが重要です。長期的かつ戦略的にユーザーに愛されるコンテンツを考えた上でマーケティング施策を行いましょう。

01 キャンペーンを設計し、ユーザーとのコミュニケーションとユーザーコンテンツを作る

ユーザーの場所であるInstagramでは、ユーザーを巻き込んだキャンペーンを展開することで、認知拡大を図ったり、コンテンツを構築したりすることができます。

Instagramでのキャンペーン目的

　Instagramでのキャンペーン設計は目的によってさまざまなパターンがあります。企業の投稿をリグラム（ユーザーに再投稿してもらう機能。後述）して参加する場合や、企業が用意した商品やサービスに対して、ユーザーが指定のハッシュタグを付けた投稿をしたり、（ハッシュタグキャンペーン）企業のアカウントフォローを条件に、商品やサービス利用のためのクーポンを配布したり（フォローアップキャンペーン）など、さまざまな使い方が考えられます。

　フォロワーにとって魅力的で、簡単に参加できるキャンペーンであれば拡散や認知拡大において高い効果が期待できます。また、キャンペーンをうまく活用してUGC（User Generated Contentの略語で「ユーザーが作ったコンテンツ」の意味）を集められることも大きなメリットとして挙げられます。

　企業の戦略を広告と見せずに身近で楽しいものに感じさせるのもUGCの特徴です。下記で紹介するInstagramキャンペーンの実例に関しても同様のことがいえますが、企業独自の専用ハッシュタグを設けることで、自社でコンテンツやクリエイティブを制作しなくてもユーザーの自然な投稿で、PRができ、広告費の削減にもつながります。

リグラムキャンペーン

　Instagramのリグラムとは、TwitterのリツイートやFacebookのシェアと同じようにユーザーが気に入った投稿を自分で再投稿（リポスト）することを指します。

　ただし、InstagramにはTwitterやFacebookのように再投稿する機能がありません。そのため、「専用のアプリを使う」「元の（投稿）写真のスクリーンショットを撮って使用する」のいずれかの方法で行う必要があります。

リグラムキャンペーンには、ユーザーが投稿したものの中から良い投稿のみ、公式アカウントでリグラムをして紹介するパターンと、公式アカウントの投稿を（何かしらのユーザーメリットを付けて）リグラムしてもらうパターンがあります。

前者では、公式アカウントに掲載されることがユーザーのメリットとなるくらいしっかりとブランド力のあるアカウントの場合に有効です。後者では、あまりにバナーっぽい投稿画像だとユーザーの参加のハードルが高くなるので、おしゃれでユーザーに受け入れられやすい投稿を心がけましょう。さまざまなユーザーのタイムラインに合うよう、3種類程度のクリエイティブを用意するのも良いかもしれません。

コンテンツ内容に関してはこちらの操作が思うように利かないこともあるので、良質なUGCを集められるかが問題です。

> **Memo UGCをリグラムするときはリグラム元の明記とユーザーへの感謝の言葉を忘れずに**
>
> UGCをリグラムするときは、次のことに気を付けてください。
>
> - 投稿者に許可を取る
> ※特に顔が写っているものや個人情報に関わるものは注意が必要
>
> - 元の投稿者が確認できるようにリグラムする
> ※リグラム専用アプリを使用すると、画像の中に元投稿者のアカウント名が入る
> ※世界観の統一のために、画像に入れられない場合は＠メンションにて記載する
>
> - 同様にハッシュタグに「#repost」や「#regram」など、リポストしたことを証明するものをキャプションに記載し、最後に投稿者へのお礼の一言などを添えると良い

リポスト専用アプリでリポスト画像を通常投稿する

- **Repost for Instagram**

https://appadvice.com/app/repost-for-instagram-plus/1413177486

Instagramで通常投稿やストーリーズをリポストする際はアプリが必要になります。気になる投稿をアプリ経由でリポストすると、ユーザーと共有が可能です。会員登録不要、無料で使用できます。

2 通常のInstagramのタイムラインが現れるので、シェアしたい他ユーザーの画像を選んだら、「…」をタップする

3 [リンクをコピー]を選択する

1 アプリを起動し、右上のInstagramのアイコンをタップする

4 「リンクがクリップボードにコピーされました」と表示される

5 [◀Repost]をタップしてリポストアプリに戻る

6 「Got Share URL」と表示される

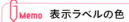 Chapter 6　ビジネスに活用！ マーケティング方法と広告運用

7 先ほどURLを入手した画像を選択すると、「Repost」の証明である出典元ユーザーのアイコン表示ラベルの位置を左下、右下、右上、左上から決めることができる

> **Memo　表示ラベルの色**
>
> 表示ラベルの色は白地に黒文字か、黒地に白文字か選べます。

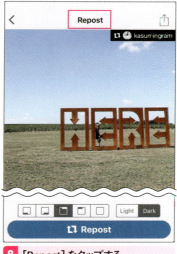

8 [Repost]をタップする

9 「Exported to Photos」という表示が現れるので、[Copy Caption & Open Instagram]を選択する

> **注意　Androidの「Exported to Photos」の画面**
>
> Androidでの操作の場合、[Open Instagram]をタップします。

10 「Instagramに投稿」からストーリーズに投稿するのか、フィードに投稿するのか選択できる表示が現れる

11 「フィードに投稿する」を選ぶと、カメラロールに保存されていた**6**で設定した画像が表示される。通常投稿と同様のプロセスで投稿が可能

> **注意** Androidの「Instagramに投稿」の画面
> Androidの操作の場合、フィードからしか投稿できません。

元の(投稿)写真をスクリーンショットして使用する

　元の(投稿)写真をスクリーンショットして使用する場合は、**ユーザーに公式アカウントの1投稿をリグラムしてもらうためのメリット**（商品プレゼントや体験参加など）によって参加してもらえるかどうかが決まります。また、ユーザーのタイムラインに載ることになるので、**リグラムしてもらう画像のクオリティ**も非常に重要になります。あまりに広告色の強いバナーのようなクリエイティブだと参加のハードルが高くなるので、おしゃれでユーザーに受け入れられやすい投稿を心がけましょう。さまざまなユーザーのタイムラインに合うよう、3種類程度のクリエイティブを用意するのも良いかもしれません。

ハッシュタグキャンペーン

ハッシュタグキャンペーンは、指定のハッシュタグを決めてユーザーにテーマを決めて写真を投稿してもらい、抽選などを経てプレゼントやサービスなどメリットをプレゼントするようなキャンペーンを指します。

このとき、ユーザーの投稿時にハッシュタグを付けてもらうことは最低条件として設けますが、**自社アカウントをフォローしてもらうことも条件にする**と良いでしょう。企業からの一方的な発信だけでなく、個人の口コミが情報を拡散するので、より信憑性のある認知拡大が見込めます。

フォローアップキャンペーン

公式アカウントのフォロワーアップ施策として**ユーザー参加型キャンペーン**が挙げられます。フォローだけでなく、「いいね！」や「コメント」をしてもらえるような仕組みを導入すると人気投稿に掲載されやすくなります。また、キャンペーンのインセンティブとしてユーザーにとってメリットのある情報を提供できると、参加率が高まり、より多くのフォロワーの流入に期待ができます。

また、自社アカウントのフォローを条件としても、キャンペーンが終わった途端にフォローをはずされてしまうこともあるので、キャンペーン後も継続してアカウントに興味・関心を持ってもらうような写真のクリエイティブやユーザーメリットのある投稿を考える必要があります。

フォローアップキャンペーンを行う際は専用のハッシュタグを決めて、自社アカウントにて事前告知をしたり、広告運用やインフルエンサー起用をしてターゲットにキャンペーンを実施していることをリーチさせたり、自社のホームページや他SNSツールを利用したりして拡散します。

各キャンペーンではユーザーに楽しんで参加してもらうために施策を考えましょう。

フォローアップキャンペーンの例

桃屋（@momoya.official）

メインの訴求商品3種類を3カ月にわたって1種類ずつ、プレゼントするフォローアップキャンペーンを実施。ユーザーインセンティブとしては、桃屋のアカウントをフォローしてくれたユーザーに抽選で「キムチの素」2本セットを30名にプ

レゼント。

　キャンペーンの認知を図るため、毎月3名ずつインフルエンサーによる投稿施策と、Instagram広告を運用。広告の運用はInstagramのキャンペーン投稿をそのまま広告クリエイティブとして使用しました。多いときは1投稿に1,000以上のコメントが付き、キャンペーン実施の3カ月間でフォロワー数は120倍という大きな効果が見られました。

https://www.instagram.com/p/Bq5SQVUAeLP/

Chapter 6 ビジネスに活用！ マーケティング方法と広告運用

02 インフルエンサーを活用して、より多くの人の認知と共感を獲得する

Instagramでの商品やサービスのPRにおいて欠かせない存在となっている「インスタグラマー」。起用方法、施策事例を紹介します。

インスタグラマーの起用方法

　インフルエンサーとは世間に与える影響力が大きい行動をする人物のことです。Instagramの中ではインスタグラマーと呼ばれます。

　Instagramのユーザーは同世代や同じ境遇、趣味や嗜好が似ているユーザーの投稿を見て共感を覚えたいため、インスタグラマーのフォロワーには似た属性のユーザーが多く存在する傾向にあります。そのようなインスタグラマーに自社の商品やサービスを紹介してもらうことで、リーチ数による認知拡大や共感、憧れの獲得だけでなく、商品をより深く理解した上で購買につなげることも可能です。

　企業のマーケティング活動でインスタグラマーを起用する場合、**どのタイミングでどのインスタグラマーにどのような内容で依頼するか**が非常に重要です。

インスタグラマーの定量的分類

　Instagramを活動の主とするインスタグラマーはフォロワー数の軸では次のように分類することができるので、目的に合わせて起用方法や起用のタイミングを戦略的に考えると良いでしょう。

①パワーインスタグラマー

　10万人以上のフォロワー数を抱えるインスタグラマーを指します。フォロワー数が多いため、必然的により多くのリーチ数を獲得することができ、認知拡大を見込めます。

〈起用事例〉
- **アンファー株式会社（@scalpd_eye）**
アンファー「スカルプD まつ毛美容液シリーズ」パッケージリニューアルに伴

い、商品のPRポイントである「まつ育」の様子をリアルに伝えることを目的にターゲットである20代に影響のあるインフルエンサーを「まつ育アンバサダー」として起用しました。

「まつ育アンバサダー」の一人でもある佐々木彩乃さん（@ayano__sasaski）も月に一度、半年間にわたってまつ毛の成長をレポート。投稿を重ねるにつれて、まつ毛の成長のリアルな様子を知ることができ、ユーザーとの接触回数を増加させ、エンゲージメントを高めることができました。

このように同じメンバーが毎月商品の使用感をInstagram上でレポートすることにより、効果をリアルに感じることができ、実売につなげることができました。

https://www.instagram.com/p/BXciJwyhUzv/

②マイクロインスタグラマー

フォロワーが1万人から10万人程度で、ユーザーと近い境遇にあり、嗜好が似ているため、親近感や信頼感を得られます。

〈起用事例〉

・AWESOME STORE（@swesomestore_jp）

2014年、原宿表参道エリアに誕生した低価格の雑貨ブランド。シンプル＆ナチュラルをベースにおしゃれにアレンジされたオリジナルアイテムを多数扱う。全国に展開中。

市来杏香さん（@ichiki_kyoka）をAWESOME STOREのアンバサダーに迎え、ご自身の目線で本当にほしい商品や、好みの商品をピックアップし、店舗をLIVE配信で紹介。

また、AWESOME STORE内のカフェにて、市来さんと一緒に事前応募から抽選で選ばれた市来さんのファンであるユーザーがランチを楽しむというイベントも開催。そちらでは市来さんのお気に入りの商品がプレゼントされました。

https://www.instagram.com/p/BrXO1GyBT1w/

https://www.instagram.com/p/BrNabBIBNT4/

LIVE配信は300人程度が視聴。全体的に良いコメントが見られ「AWESOME STORE」の名前をより印象付けることができました。

イベントに参加した、市来さんのファンでもあるユーザーも「AWESOMESTORE」のファンとなり、ほぼ全員がInstagramにて当日の様子を投

稿したことにより、さらなる拡散につながりました。

　市来さんとユーザー双方が楽しめるイベントを開催したり、店舗を市来さん目線で案内したりすることで、ライブの視聴者もAWESOME STOREを身近に感じてもらえるきっかけを作ることができた施策であるといえます。

③モニターインスタグラマー

　フォロワー数が9,999人以下のユーザーです。関連ハッシュタグ数を増加したいときや口コミ増加の効果、家族や友人など強いつながりがあるユーザーの信用による購買の促進を期待できます。

〈起用事例〉

ラフラ（@rafra_official）

　ブランドコンセプトの「肌につける化粧品は少ない方が良い」に合わせて「#持たない暮らし」や「#シンプルライフ」など、日頃からシンプルな暮らしを送るユーザーに口コミ投稿をしてもらうモニター施策を実施。「唯一持つクレンジング」といったリアルなコメントや口コミが信頼感を得て、施策を行った際の「いいね！」数やコメント数と売上げの推移に相関性が見られる結果となりました。

https://www.instagram.com/p/Bmui0Wgnkpu/?utm_source=ig_share_sheet&igshid=1rzxu36dedor2

https://www.instagram.com/p/BoapmCHnQ3j/?utm_source=ig_share_sheet&igshid=48tu8inwsalw

以上のようにモニター施策では、ハッシュタグ検索からの流入もポイントとなるので、このようにユーザーの興味関心が高いハッシュタグを上手に取り入れることで、よりブランドの認知を高めることができたといえます。

インスタグラマーへの依頼方法

インスタグラマーにモニターなどを依頼するには、InstagramのDMで直接本人に連絡をして依頼をするか、インスタグラマーキャスティング会社を通して依頼します。

本人が連絡に気づかなかったり、DMでの返信をしなかったりする方もいるので、インスタグラマーキャスティング会社に相談するほうがスケジュールも投稿も、よりスムーズに進められるでしょう。

また、インスタグラマーのキャスティング会社ではすでに登録者が数千人〜数万人といる中からブランドの商材に合う人材をピックアップできるので、定量的にも定性的にもよりブランドにマッチするアサインができることがメリットです。

たとえば新商品が発売される際に、インスタグラマーに施策を依頼する一般的な流れは次の通りです。

①口コミ増加のモニターインスタグラマーを30名程度起用します。ここでは後々の認知拡大のタイミングに備えてハッシュタグの検索対策（モニターには必ず商品名などの指定ハッシュタグの記載を依頼）をしておきます。

②パワーインスタグラマーを数名起用して多くのリーチ数を獲得し認知を広めます。ここで商品を知ったユーザーがハッシュタグを検索する可能性があるので、先に①のモニター施策をしておく必要があります。

③マイクロインスタグラマーを10名程度起用し、近しい境遇にいるユーザーからの信頼感を獲得、購買につなげていきます。

インスタグラマーの定性的分類

インスタグラマーの選抜はフォロワー数だけでは判断できません。そのインスタグラマーが普段どのような投稿をしているかをしっかり分析した上で、**自社の商材やサービスとの相性を考える**ことが重要です。

ファッション系マイクロインスタグラマーの例

　前述の通り、1万人以上のフォロワーを抱えるインスタグラマーを「マイクロインスタグラマー」と呼びます。ユーザーと近い境遇で、親近感や信頼感を得られやすいことが特徴として挙げられます。マイクロインスタグラマーの代表的な2名を紹介します。

・仲村美香さん（@mikapu0519）
　仲村さんは、大人っぽくモードな雰囲気のコーディネートがメインで、ご自身でもアパレルブランド「RITAM.COM」（@marque_official）を運営されています。ファッションだけでなく、日常の1コマのクリエイティブもセピア調の加工で統一されており、全体的にまとまりのあるトップページとなっています。

・**中田絵里奈さん（@erinanakata）**

　中田さんはアパレルブランド「le reve vaniller」（@lerevevaniller）を運営し、ネイルサロン「BONNE CHANCE」のプロデューサーとしても活躍されています。アカウントトップページを見ると、鮮やかなフィルターを用い、コーディネート同様明るくかわいらしい印象に仕上がっていることがわかります。

　両者とも、ご自身でブランドをプロデュースされていること、またそのため日々コーディネートなどファッションに関するクリエイティブが投稿されていること、フォロワー数が5万人以上ということで同じ条件とみなされます。しかしフィードを分析すると、仲村さんは「大人っぽく辛口が似合うコーディネート」なのに対し、中田さんは「明るくかわいらしい、柔らかな雰囲気のコーディネート」が得意だということがわかります。

　たとえば、自社でかわいらしいクッキーの発売を予定したとして、どちらのインスタグラマーを起用すると効果が上げられるでしょうか。この場合、「かわいい」というカテゴリーに分類される中田さんだと考えられます。

同じ「ファッション」というジャンルでも、趣味嗜好はさまざまです。Instagramマーケティングではこのニュアンスが非常に重要となります。より多くのインスタグラマーをしっかり分類した上で人選することが理想的です。

　またInstagramではブランドコンテンツツールという新たな機能があります。

　ブランドコンテンツツールとは、簡単にいうと「この投稿は広告です」という表示を出す仕組みのことです。

　これらのツールでは企業とのパートナーシップに基づいた投稿であることをクリエイター（有名人やインスタグラマーを含むインフルエンサー、著名人など）が明示するためのタグと、ビジネスがブランドコンテンツキャンペーンのパフォーマンスを確認するためのインサイトがあり、これらのツールにより、Instagramコミュニティのブランドコンテンツ透明化につながります。コンテンツツールは広告主（企業側）にインフルエンサーの投稿が一般ユーザーにどのような影響を与えているのかを数字で確認できるというメリットがあります。一方、投稿主（インフルエンサー）側には、「ステルスマーケティングなのではないか」などのユーザーの疑いもなくなり、以前よりもタイアップ投稿がしやすくなりました。

> **Memo　WOMJ作成のガイドライン**
>
> 日本では情報を受信する消費者の「正しく情報を知る権利」を尊重し保護するという点、および情報を発信する者が正しく情報を発信しないことにより社会的信頼を失うことを防止するという点から、WOMマーケティング協議会（WOMJ）が作成するガイドライン（https://www.womj.jp/85019.html）に則ってプロモーション施策を行うのが好ましいでしょう。

Chapter 6 ビジネスに活用！マーケティング方法と広告運用

03 手軽な価格で多くの顧客を獲得できるInstagram広告

Instagram広告を活用することで多くの顧客を獲得することができます。比較的手軽な価格で出稿できるので、活用を検討しましょう。

Instagram広告の特徴

Instagram広告の特徴として、次の3点が挙げられます。

・ターゲティングを設定できる
・目的に合わせたCTAを設定できる
・ハッシュタグを付けられる

Instagram広告では、**広告主側が自由にターゲットを設定することができ、「広告」マークが付く**ので、見る側も広告として認識して見ることができます。

実際に親和性を持ってもらえるか（クリックしてもらえるか）はターゲットと商品サービスの相性やクリエイティブ素材によって大きく変わります。公式アカウントの運用でも同様のことがいえますが、InstagramというSNSは画像をメインとしているため、Instagramらしい素材を制作できるかどうかが非常に重要です（「Instagramらしい素材の制作」についてはChapter 4を参照）。

Instagramの広告料金

Instagram広告は最低100円から運用可能となっています。Instagram広告はセルフサーブ型の広告で、上記に挙げた通り予算や配信期間を自由に設定でき、好きな予算内で出稿できることが特徴として挙げられます。

Instagram広告には、次の4種類の課金方法があります。

CPM	・インプレッション数に応じて料金が発生する課金方法 ・広告がユーザーのフィードに1,000回表示されるごとに広告費がかかる ・よりたくさんのユーザーに広告を見てもらうこと、認知拡大に効果的
CPC	・広告がクリックされる度に料金が発生するスタンダードな課金方式 ・自社サイトやアプリダウンロードページへの誘導や商品購入が目的のときに向いている

CPI	・アプリがインストールされる度に料金が発生する課金方法 ・アプリのインストールを目的とするキャンペーンに向いている
CPV	・動画の再生時間に応じて料金が発生する課金方法 ・動画のほとんどが再生されたり、再生数が合計10秒以上になったりすると広告費が発生する ・動画広告はCPMかCPVの2種類から選択が可能 ・より多くの人にリーチさせたい場合はCPM、興味が高いユーザーにリーチさせたい場合はCPVを選ぶと効果的

▲Instagram広告の課金方法

　ユーザーの属性を把握することやユーザーに見合った広告を打ち出すことが理想ですが、**ターゲットはなるべく広めに設定し、効果的な広告の配信を目指す**と良いでしょう。

Instagram広告の作成方法

　過去の投稿を広告として出稿することができる機能を持った「**広告を作成**」というツールがあります。宣伝の配信先を自分で選択できるだけでなくInstagramのおすすめするターゲットを選ぶことも可能です。また出稿の期間も指定できます。これにより、より多くの顧客とつながることが期待できます。

1 InstagramアカウントとFacebookアカウントをリンクする

2 Instagramでアップした投稿を選び、[宣伝]をタップする

Chapter 6 ビジネスに活用！ マーケティング方法と広告運用

3 「詳しくはこちら」のリンク先を、「あなたのプロフィール」「ウェブサイト」「店頭」のいずれかから選択する

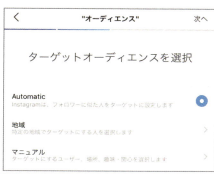

4 ターゲットオーディエンスを「Automatic」「地域」「マニュアル」のいずれかから選択する

5 予算と掲載期間を設定する

> **Memo　予算と掲載期間**
> 予算を上げ、掲載期間を延ばすと推定リーチ数も上がります。

6 ［広告を作成］をタップする

Instagram広告のクリエイティブの重要性

　Instagram広告では、多種多様な広告があふれている中で、いかにユーザーの目にとまるクリエイティブを作れるかが重要です。

ユーザーから愛される広告と愛されない広告

　Instagramというプラットフォームでは視覚的な要素が重要であるように、広告も同じです。

　通常のバナー広告のように文字が多い広告などはそもそも審査も通りません。
　広告の審査落ちを回避するための重要なポイントは次の4つです。

①テキストが20%を超えるものを避ける
②個人を特定するようなものを避ける
③肌の露出を連想させるものを避ける
④Facebookのブランドを阻害するものを避ける

　また、SNS上でも多種多様な広告があふれている中で、「愛される広告」でないとユーザーの目にとまらず、好意的に受け取ってもらえません。
　ここでいう「愛される広告」とは一般的になじんでいて違和感がなく、ユーザーに見てもらえる可能性が高いクリエイティブを意味します。
　一方、愛されない広告とは、企業側の意図や目的だけが詰め込まれていて一目で広告ということがわかるものを指します。
　Instagram広告を作成する際は、より良い効果を上げられるよう、周りと差を付けるクリエイティブを準備する必要があります。

Instagram広告の種類別クリエイティブ

　Instagram広告は、次の4つの種類に分けることができます。また広告の種類によって作成するクリエイティブも異なります。

① 写真広告
② 動画広告
③ カルーセル広告
④ ストーリーズ広告

①写真広告
　Instagramのフィード画面に表示される写真で見せる広告で、最も一般的なも

のになります。通常の投稿とほとんど変わらない見た目で、ユーザーのフィードへ通常の投稿に混ざって表示されます。ユーザーネームの下に「広告」と表示され、「詳しくはこちら」という他ホームページなどに誘導されるリンクが表示されることが特徴です。写真というシンプルな媒体の中に、どれほどのインパクトを残せるかによって、成果も変わってきます。

②動画広告

　Instagramのフィード部分に動画を表示させることができる広告を動画広告と呼びます。最大30秒の動画を設定でき、動作が重要になるゲームアプリなどに向いています。動画広告を作成する上で、動画でブランドを魅力的に見せることが大切です。

③カルーセル広告

　画像をサイドにスライドすることで3〜5枚の画像を表示することができる広告です。もともとFacebookの広告でも人気が高い方法で、他のSNSより時間をかけて見てもらえる広告です。ファッションブランドやクッキングアプリの広告に向いています。

〈事例〉
Danny&Anne（@dannyanne_official）
　凝ったディテールが光るデザインが多く、シンプルをベースにエレガント＆スタイリッシュに着こなせるスタイルを提案するアパレルブランドです。
　自社ブランドのセールの広告でも日本語を使用せず、おしゃれなバナーを使用しています。日本語表記のキャプション文中では「プライスダウン」など、惹きつけるフレーズを用いています。スライドしていくと、セールアイテムを使用したコーディネート例が数パターン登場するので、カルーセル広告の特徴をうまく使って［詳しくはこちら］をタップする確率が上がっています。

④ストーリーズ広告

ストーリーズ機能を使用したフルスクリーンで表示される広告で最長15秒の表示が可能です。縦長のフルスクリーンで強い訴求力を持つことと、24時間経つと自動的に消えるシステムです。ユーザーの投稿をタップしていくと自然に広告が出てくるので、こちらも人気の高い広告です。

ストーリーズ広告ではスワイプすると自社のサイトにリンクが飛ばせます。「続きはこちら」と表示されたスワイプに導くテキストや導線を考えた動画展開をします。商品やサービスの特徴がしっかり理解できるのと同時に、ユーザーが「続きを知りたい」とストーリーズ下部をスワイプしたくなるクリエイティブが必要です。

①動きや絵文字を使用する

動画の特性を活かして、クリエイティブに動きを付けたり、絵文字やスタンプ、関連ハッシュタグを記入したりして商品やサービスをアピールしましょう。

②絵文字やハッシュタグを使って遊び心を持たせる

通常の投稿以上にリアルを感じられる場所がストーリーズです。絵文字やハッシュタグを使って遊び心を持たせることが商品のアピールにもつながります。

「#花のある生活」というハッシュタグを使って拡散する

③アカウント導線を強調して、フォロワー数を増やす

　アカウントへの導線を強調することで、リンクに飛ばすアクションだけではなく、フォロワー数の増加を図ったり、ターゲティングしたりすることができます。

矢印を入れることで左上のアイコンに目がいくようにしている

Chapter 7
思わず真似をしたくなる！
公式アカウント活用事例

Chapter 4で紹介したユーザーから愛されるクリエイティブの作り方を踏まえて、実際に公式アカウントの投稿にクリエイティブの作り方が反映されているアカウントを紹介します。

01 ファッション

アイテム自体やコーディネートとしての見せ方など、クリエイティブを通して魅力を伝えやすいのがアパレルブランドの公式アカウントです。トレンド感を押さえたクリエイティブで、ユーザーの購買意欲をかき立てる＆購買に向けて後押しをすることが重要です！

平行なクリエイティブで統一感を出す

　20代女性に人気の高いアパレルブランド「room306contemporary」のアカウントでは、低めのカメラ位置からモデルを撮影しています。Chapter 4の02に挙げたように、斜めに曲がっていない平行なクリエイティブにそろえることで、他の写真と並んだときに統一感を出すことができます。海の水平線が写るシチュエーションでも同様のことがいえます。

https://www.instagram.com/p/Bp6q6Dolp6S/

https://www.instagram.com/p/Bo6jEf_jrZO/

小物を入れてコーディネートをより素敵に見せる

　大人向けの水着ブランド「Riberce」のアカウントは水着を普段使いに落とし込んだクリエイティブが特徴です。Chapter 4の01で挙げたように、コーディネートとして見せるとイメージがわきやすくなります。

たとえば水着のセットアップとショートパンツ、スニーカーを1カットに収めるなど、応用を利かせるとメリハリの利いたクリエイティブになります。

https://www.instagram.com/p/BqH0a5Zn3WR/

https://www.instagram.com/p/Bp3ClnvHnE3/

余白をきちんと作ることで、商品に集中させる

子供服専門店の「AJUGA.」のアカウントは、大人用アパレルのようなイメージで子供服を取り扱っています。子供服でもおしゃれにコーディネートを完成させているクリエイティブは「いいね！」数もたくさん集まっています。Chapter 4の02で紹介したように、アイテムの置き撮りも斜めのラインを意識して、抜け感を出すことですっきりと見やすいクリエイティブが完成します。

https://www.instagram.com/p/BqH2SewjW3B/

https://www.instagram.com/p/Bqwqs8CDSeB/

02 ヘアサロン、ネイルサロン

高い技術力が求められるヘアサロンやネイルサロンのクリエイティブは競合との差別化を図りたいところ。わかりやすいクリエイティブでユーザーに「素敵！」「こうなりたい！」と思わせること、動画を活用すること、ハッシュタグや位置情報を掲載し、実際の来客につなげましょう。

少し引いて雰囲気のあるクリエイティブに統一する

　全国対応のウエディングヘアメークチームの「ceu」アカウントは、クリエイティブに位置情報のタグを付けていることがあり、たとえば同じ結婚式場を予定している花嫁の検索にかかりやすいなどの集客が見込めます。

　アカウントに登場しているのはすべて一般の花嫁で、ヘアカタログのようにアレンジスタイルが並ぶので、参考にしやすいところが特徴です。

　カメラ目線ではなく、ちょっとした一瞬を切り取ったような雰囲気ある写真を残しましょう。サイドから後ろ姿までの振り向き具合の角度で一層「真似をしたくなる」クリエイティブに仕上がります。被写体である花嫁を写真の中央ではなく、少し横にずらした位置にカメラを合わせて撮影することもポイントです。

https://www.instagram.com/p/BqMxWAEBbJI/

https://www.instagram.com/p/BoMDVWBjE90/

ファッション誌のようなクリエイティブを作る

雑誌をはじめ、メディアでも人気の高いヘアサロン「bloc japon」のアカウントはトンマナが守られており、デザインに一貫性があります。ヘアサロンのアカウントですが、ヘアスタイルだけを提案するのではなく、ファッション誌のようにコーディネートと街の雰囲気を合わせてクリエイティブを作り出しているところが新しいです。

https://www.instagram.com/p/BqlsCqWnKNO/

https://www.instagram.com/p/BpqvGoVneCL/

季節感がある素材を足してイメージを盛り上げる

ネイルサロンの公式アカウントも、ネイルデザインのイメージソースとして活用されています。ネイルサロン「REUXY」のアカウントはネイルの背景を季節に合わせており、たとえば12月だったら地厚のニットのような生地の上で撮るなど季節感を意識しています。

https://www.instagram.com/p/Bq19LbRn795/

https://www.instagram.com/p/Bps-kKtHwCN/

03 ビューティー

スキンケアアイテムは清潔感やそのアイテムがなじむ素敵な生活やブランドコンセプトを印象付けること、コスメはカラーバリエーションを含めおしゃれなクリエイティブに仕上げることが理想です。パッケージが見やすく、デザイン性あるクリエイティブが作りやすい真俯瞰や少し斜めに振った撮り方がトレンドです。

デザイン性ある構図の簡単テクニックを使う

　コスメと美容の総合サイト「@cosme」の公式アカウントでは、メインに見せたい商品を構図の中心から少しずらし、商品と色が見えるくらい、少し低い位置からの角度で撮影しています。また、全体的に引いて撮影することで生まれる抜け感があれば、さらに商品に目が行きやすいクリエイティブを作ることができます。

https://www.instagram.com/p/BpofQtmHjXd/

https://www.instagram.com/p/BqaBm_IHLWp/

実際に中身を出して色味や質感を伝える

　資生堂「INTEGRATE」の公式アカウントは作り込まれたものから真似しやすいクリエイティブまで幅広いラインナップが特徴です。Chapter 4の03にあるように、カラー展開のある商品は色を出して見せることで、より詳しくその商品を知ることができます。カラフルな見た目もかわいいです。リップグロスのようにリキッ

ドタイプのものは中身を出すことで、質感や細かなラメの感じもわかります。

https://www.instagram.com/p/BjorFc7F2Hk/

https://www.instagram.com/p/BotHP7N AG5/

カラバリを見せて、小物を入れてメリハリを付ける

　大手百貨店「そごう横浜店」ビューティーフロア公式のアカウント。1つのクリエイティブの中にコスメのカラバリを詰め込み、キャプションでフォローしています。またChapter 4の02にあるように、平たんなアイテムでも真上から撮るだけでデザイン性を出したり、Chapter 4の03と同様にパッケージの中身を見せ、靴やバッグなど小物を絡めたりすることで、ファッションの要素を取り入れています。

https://www.instagram.com/p/BmuXPy9FXdO/

https://www.instagram.com/p/Bo855bCh41H/

ビジュアルで徹底したブランドイメージを演出する

　ボタニカルライフスタイルブランド「BOTANIST」では、通常投稿の商品の配置バランスや真上からの撮影方法が参考になります。Chapter 4の02にあるように、あえてきれいに並べないようにすると、日常生活の雰囲気を残せます。特定のモデルに焦点を当てたり、「きれいな髪」をクローズアップしたりすることはせず、真上からの撮影方法を使ったり、配置バランスにこだわって商品を見せたりしています。すべてのクリエイティブで「ボタニカルライフスタイル」を発信することを徹底し、ブランドイメージをユーザーに自然に表現し接触することができています。通常投稿はもちろん、ストーリーズハイライトのアイコンにもトンマナが統一されています。また、トップページを見るとわかるように、ストーリーズハイライトのアイコンに統一感があり、ブランド力を感じます。

https://www.instagram.com/p/BqPDH2Gg1ce/

https://www.instagram.com/p/Bpysd33AS6R/

https://www.instagram.com/p/BpHPt25FvmN/（動画）

https://www.instagram.com/botanist_official/

Chapter 7　思わず真似をしたくなる！公式アカウント活用事例

04　ライフスタイル、インテリア

生活雑貨は実用的に活躍している一瞬を、インテリアはデザイン性が高い中でも効能をきちんとアピールできているクリエイティブがユーザーの心をつかみます。「おしゃれで便利なアイテムを使っている自分」をユーザーに想像させるような投稿を目指しましょう。

■ 人の気配を入れて、使用イメージを持たせる

　通信販売「ベルメゾン」の公式アカウント。インテリアを中心にさまざまなテイストの家具や雑貨が並びます。自分が家で生活をしている1シーンを切り取ったような自然なクリエイティブがメインのため、商品を使っているときの想像が付きやすいことが特徴です。Chapter 4の03にあるように、実際に使用している手元など人の気配を入れることでユーザーがイメージしやすくなります。

https://www.instagram.com/p/BqzBkAMAjWI/　　https://www.instagram.com/p/BotTqjmFɔOE/

■ スライドに使用例のバリエーションをすべて詰め込む

　「こんな商品があったら……」という消費者の願いに応え続けるインテリア雑貨メーカーの「山崎実業」のアカウントはライフスタイル系インフルエンサーにも大人気。クリエイティブの使用イメージもわかりやすく、ユーザーの「ほしい！」に直結します。使っている動作をトップに、スライドすると使っている動作のバリエーションが見られるところも興味を持っているユーザーにとって親切です。

153

https://www.instagram.com/p/Box9Q7Ogyiw/

https://www.instagram.com/p/Bo8j77iAhsb/

https://www.instagram.com/p/BoNrVEAAmHR/

スタッフの声を掲載してユーザーと距離を縮める

日本国内でもトップクラスのフォロワー数を誇る「北欧、暮らしの道具店」は日用品からファッション小物を扱うネットショップです。公式アカウントの商品紹介はジャンルが幅広く、雑誌を読んでいるようなコンテンツ発信となっています。キャプション内に、スタッフの使い方実例や使用時のQ&Aを混ぜるなど、投稿する画像に対しての付属説明のフォローがきちんと行われています。

https://www.instagram.com/p/BqHmiPLBNi8/

https://www.instagram.com/p/BprBwxsg7MR/

商品明細をフォローし、購入の導線を明示する

　インテリアブランド「IKEA」の日本の公式アカウントは、季節やイベントに合わせ作り込まれたクリエイティブが印象的です。またそのクリエイティブなシチュエーションに役立つ商品の特徴がキャプションで補われています。商品名と価格が記載されているので、ユーザーにとって必要な情報がそろい、購入への導線もしっかり考えられています。

https://www.instagram.com/p/BqhJm1kH_UW/

https://www.instagram.com/p/BlXkSf5lZMa/

Chapter 7 思わず真似をしたくなる！ 公式アカウント活用事例

05 グルメ

ただメニューをアップするだけではフォロワー数が伸びず、ファンが付きにくい飲食関係の公式アカウント。統一感あるクリエイティブから始まり、位置情報の掲載、ハッシュタグの利用など、インスタ映えするメニューを考案しなくても集客につなげられる活用方法を紹介します。

■ 自宅の食卓を彩るイメージで商品購入に導く

「内側からカラダをキレイに。」を掲げるナチュラルフードブランドの「ドクターズナチュラルレシピ」の公式アカウントでは、商品を使用して作った料理の隣にボトルやパッケージなどをさりげなく入れたり、またパッケージから出して立体感を出したりするなど、日常の一コマをおしゃれに見せるクリエイティブが特徴です。Shop Now機能で商品の購入も可能。画像をスワイプするとLINEの友達追加用QRコードが現れます。

https://www.instagram.com/p/BnsjRCKHTLr/

写真では伝わらない情報をキャプションに盛り込む

　東京にあるベジタブルカフェの「Mr.FARMER」の公式アカウント。「美と健康は食事から」をコンセプトに、健康を考慮したメニューや、ナチュラルなインテリアが特徴のお店の外観、内観のクリエイティブが並びます。Chapter 4の03にあるように、高さのある被写体（たとえばハンバーガーやヨーグルトデザート）は低い位置から撮影することで、立体感があり、中に入っている具材がわかりやすい写真が出来上がります。お店のコンセプトでもある健康的な要素を盛り込んだ内容のキャプションを投稿するのもブランディングにとって重要な要素です。投稿に位置情報を掲載するのも、ユーザーが実際にお店を訪問するときに場所がわかりやすく、来客に期待が持てます。

https://www.instagram.com/p/BqePDbSj5tS/

https://www.instagram.com/p/Bo0sgryAD-O/

動きのある写真でただのメニューに見せない

シドニー発のオールデイカジュアルダイニング「bills」の日本の公式アカウント。ドリンクやフードをただ置いて撮るのではなく、Chapter 4の02にあるようにカメラのアングルに対して、アルファベットのC字を描くように被写体が置かれ撮られており、抑揚のある写真となっています。料理を実際いただいているように人の気配や手元を入れることで、ユーザーが実際に来店したときのイメージを想像しやすい状況を作り込むことができます。飲食関係サービスのアカウントが投稿する画像も、動きを加えるだけで、変化を付けることができます。また国内外のユーザーがキャプションを読んで理解できるよう、日本語だけでなく、英語の表記もされています。

https://www.instagram.com/p/BobgE_cBzcE/

https://www.instagram.com/p/BoWQoKpB_01/

ユーザーの投稿をリグラムしてバリエーションを増やす

　NY発のハンバーガーショップ「Shake Shack」の日本の公式アカウントではハンバーガーはもちろんのこと、サイドメニューやドリンクにもクローズアップしたクリエイティブを展開しています。スマホの画面に映る料理を撮ったり、ハンバーガーを手で持ち上げていつもと違う角度で撮ったりするなど工夫が見られます。ハンバーガー専門店のようにメニューのバリエーションが限られてしまう業態は、たとえばユーザーが自社アカウントをタグ付けしてくれたクリエイティブをリポストして、バリエーションの幅を広げるのも施策のひとつとして有効です。

https://www.instagram.com/p/BoqE1xAnfYm/

https://www.instagram.com/p/BoGlRdInwwg/

Chapter 8
Instagramをフル活用！
インフルエンサー Interview

本章では実際にInstagramのアカウントを活用してインフルエンサーとして活躍している3名とビジネスにつなげている2名のインタビューから、どのようにアカウントを運営し、コンテンツをビジネスにつなげているかを紹介します。

Influencer

@moyamoya2121

本名・非公開。アパレルブランドCAVEZAROSSOプロデューサー。Instagramフォロワー数は9.3万人に及ぶ。アパレルブランドの社員、プロトラベラーを経て、2017年4月に自身のブランド「CAVEZAROSSO」を立ち上げる。2017年7月に第一子を出産。

自身とブランドのアカウントからリアルな反応をキャッチ！
変わりゆくライフスタイルに順応させ、フォロワーのニーズに応える

―MOYAさんにとって、Instagramとはどんな存在ですか？

　私のライフスタイルを反映させたツールですね。独身時代はプロトラベラーとして動いていたので、旅先での写真も多かったのですが、結婚をして子供が生まれ、今までと同じようにいかなくなりました。コーディネートや子供の写真が増えてきたこともあり、最近はライフスタイルの一環として使いこなしています。

―Instagramを始めた頃から方向性は決まっていたのですか？

　具体的には4、5年くらい前から自分のアップしたい写真や世界観が見えてきたように思います。紆余曲折して、自分らしさを構築していきました。SNSは生き物だと思うので、日常をアップすることに専念したほうがいいんです。最近では母親になったきっかけを考えて、自分自身再ブランディングしなければいけない時期だと思っています。

―「フォロワーに求められている情報」はどうやったらわかりますか？

　「いいね！」の数ですね。今は子供のこと、子育てに関する写真の反応が多いです。子供が生まれる前はハワイでの結婚式の写真は反響が大きかったですね。

　私は自分がフォロワーに求められている情報を考えています。今のInstagramは写真を作り込むことがトレンドだけど、そこから一歩引いて自分のリアルを置きつつ、背伸びせずに自分らしさを大事にしています。非現実すぎることは私には求められていないと思っています。

―ご自身のブランド「CAVEZAROSSO」のInstagramアカウント運営についてお聞かせください。

　商品企画から携わっており、自分の世界観は自分にしか出せないと思っているので、ブランドのアカウントも私が管理しています。そうすることで、お客様の生の声や反応が目に見えてわかるようになりました。

たとえばブランドアイテム着用の外国人モデルを、日本人と背丈や体型の近いハーフモデルに変更して等身大に寄せることで、販売個数の動き方が変わるきっかけになりました。リアルでないと、ニーズは合わない。Instagramを通して成長したブランドなので、それを強みとしてさらに大きくしていきたいと思っています。

―ブランドの写真に対してのこだわり、初心者でも簡単に撮れるテクニックを教えてください。

CAVEZAROSSOのイメージもあり、光の入り方にこだわっています。室内だとしても自然光の入る時間に撮るとか。それと街中で撮るときは、写真の中に日本語が入らないようにしているくらいですね。

―Instagramを通して、これから挑戦したいこと、試してみたいことはありますか？

挑戦したいことはたくさんあります。その中でも一番大きな夢は「街づくり」です。まずは今住んでいる地域をもっと住みやすい街にし、住みたい街ランキングにランクインさせたい。街づくりの経過や、街の良いところを、Instagramを通じて行政と共に発信していきたいと考えています。

@moyamoya2121さんから学ぶコンテンツ制作

 Point ユーザーの反応とリアルを掛け合わせる
GOOD POINT

① 実際に"いいね！"が多くもらえる内容の更新量を増やす
② おしゃれな世界観の中でも非現実的すぎないリアルを伝える
③ 等身大でユーザーとの距離を近くする

背景のきれいな海を主役にしたくて、被写体は座って後ろ姿にすることによって脇役にしました

カラフルな写真ですが、使う色は最低限に抑えて撮影しています。たまたま友人が食べる瞬間がかわいかったのでその瞬間を逃さずシャッターを押しました

友人が撮影してくれたお気に入りの1枚。特にこだわったポイントはないですが、日が落ちている光のイメージも好みです

> **Comment**
> @moyamoya2121さんのアカウントはおしゃれ感のある写真の中にも、リアルがとても伝わってきます。お子さんとの写真やキャプションの中で、ご自身の気持ちをしっかりと等身大で伝えていることによりユーザーとの距離感が近いように感じられます。好きなこと（ファッションや旅）と家庭の両立をどのようにしているのか、その両立の仕方を見たいユーザーの共感が得られていることで、人気があるように思います。

Influencer

@sakiiiya

本名・二宮さきえ。トラベル系インスタグラマー兼フォトグラファー。Instagramのフォロワーは4.1万人。ウエディング関連会社を退社後フリーの道へ。旅をしながら写真を残しSNSに投稿。ウェブマガジン『旅MUSE』や雑誌『JJ』のウェブサイトにてコラム執筆中。

女の子の夢や憧れを詰め込んだアカウント作りを目指す。
顔を出さずにインスタグラマーとしての存在を確立

―Instagramにご自身が登場しないのは、なぜですか？

「本当に@sakiiiyaは存在しているのか？」と思わせることが私のブランディングのひとつなんです。私が投稿した写真を見て、夢を見てほしいと思っているので、あえて表情がしっかりわかる写真などは載せていません。

―Instagramではどのようなテーマでコンテンツ制作をされていますか？

一言でいうなら「旅人」のイメージを付けたい。そのイメージに沿って自分がこうなりたい、こういう世界観が好き、と頭に思い描いて、写真をはめ込んでいます。

―どのような経緯でインフルエンサーになったのですか？

前職を辞めたことをきっかけに、アカウント自体は7年前に開設しました。当時はインスタグラマーなんて言葉はなかったですね。5年ほど前に約3カ月間ハワイに旅したときに、目に見えるようにフォロワーが増えました。海っぽいテイストがトレンドだったので、タイミングが合っていたんだと思います。

―昔と今でアップする写真は違いますか？

はじめは何も考えずにアップしていましたが、今はただの自己満で終わらせないようにしています。たとえば旅先での写真なら、「ここに行けばこんなにおしゃれな写真が撮れるんだ」ということを視覚的な作品で提供する。誰かのインスピレーションにつながればいいな、と思うようになりました。それがきっかけで今は企業から写真の撮り方についてのレクチャーのオファーをいただいています。

―憧れの写真を撮るために心がけていることを教えてください。

旅先では撮る場所を現地でパッと決めます。写真の景色の中に自分を溶け込ませて、「ここに自

分がいるんだ」という憧れ感を作ります。

それと、ものを撮るときは、自分の影が入らないように気を付けます。これは自分なりのルールですが、ものを撮るときに奥行きを出して、奥に空間を持ってくるとおしゃれに撮ることができます。

―― 今後Instagramを通してやってみたいことや夢はありますか？

今後もひとつの情報発信ツールとして続けたいと思っています。インフルエンスできる拡散力が自分にあるので、うまく活用していきたいです。

■ @sakiiiyaさんから学ぶコンテンツ制作

> **Point**　非現実的な空間でも親近感を抱かせる
> **GOOD POINT**

① 躍動感のあるポージングと表現
② 完全に顔出しをしない
③ 季節に合わせて写真の加工のテイストを変える

人物を端に寄せ、余白に奥行きを出しました。人物メインではなく、その土地の雰囲気を伝える写真が好きなので、風景と人物をうまく溶け込ませる写真になるよう工夫しています

床にできていた椅子の影を写した1枚。1枚にすべてを詰め込み全体的に見るとごちゃっとしてしまいがちなので、あえてフィードに抜け感を出すためにたまにこのような写真を撮り、載せています

LAにある、カップケーキのATM。カップケーキが出てくるのを待っている、という設定で撮影しました。写真を撮るときは、基本的にストーリー設定をしてから撮影しています

Comment

@sakiiiyaさんのアカウントは見ていると、「その場所に行ってみたい！」という気持ちにさせてくれる写真が並んでいます。その場所にあった躍動感がある表現と、@sakiiiyaさんのポージングも要因となっています。また、顔を出していないからこそ、親近感がわきますね。季節に合わせて写真の加工のテイストにも変化が見られます。ユーザーにとって季節を感じることができて、素敵です。

Influencer

@kumi511976

本名・大日方久美子。アパレル販売の経験から2013年よりパーソナルスタイリストとして独立。現在ではアパレルブランドとコラボアイテムを発売するなど幅広く活躍中。著書に『"エレガント"から作る大人シンプルスタイル』(KADOKAWA) がある。

リアルな接客の場をアカウントにスライドさせ、来ていただいた方に向き合うイメージで情報を発信

―Instagramを始めたきっかけを教えてください。

　前職のアパレル会社からパーソナルスタイリストとして独立したときに自分を知ってもらう場所として公開しました。自分に自信がなかった当時、おしゃれなSNSツールに助けてもらいたかったんです。会社員脳が働いていたので、「1年間でフォロワー1万人」という明確な数字の目標を立てました。誰もいないグラウンドに一人で立たされたような感覚でしたね。でもやるからにはとことんやりたかった。フォロワーは増え続け8カ月で目標の1万人を達成しました。

―どのようにしてフォロワーの獲得を成し遂げたのでしょう。

　手探りでしたが、当時フォロワーの多い日本人のインスタグラマーを探して徹底的に研究しました。ハッシュタグの表記などを参考にしたり。
　またスタイリングを見せる上で、コスパのいいアイテムを取り入れました。自分が長く使っているものと、コスパアイテムをミックスしたスタイリングをアップする。有益な情報を発信するよう意識したら、徐々にフォロワーが増えていきました。

―自分らしさの確立について、ご自身が意識されていたことを教えてください。

　トレンドを自分の中に取り入れて、アウトプットしました。100%自分が好きなものだけに偏らないようにすること。何か流行っているアイテムがあったとしても、「右向け右」で瞬時に右を向かないようにする判断力の積み重ねだと思います。
　自分らしさがわからないのであれば、自分が好きなことと嫌いなことをピックアップすることから始めることをおすすめします。

―Instagramがパーソナルスタイリストとしてのお仕事に活かされていると感じることはありますか？

　今の自分があるのはInstagramのおかげです。自分のスタイリングを常に発信できる機会を得ることができました。

―これからInstagramを通して挑戦したいことはありますか？

　お客様が店頭にいらしてくれたように、Instagramという場所へ会いに来てくださった方に向き合っているようなイメージなんです。自分が紹介することで、見てくださる方に有益な情報を発信できる人間でありたい。Instagramで学んだことを集めて、私なりのInstagram講座を開いてみたいですね。

@kumi511976さんから学ぶコンテンツ制作

> **Point**　ユーザーに伝えたいことを自然に伝える
> **GOOD POINT**

① 目立たせたい被写体が決まっているシーンでの背景はシンプルに
② 日常の生活を切り取る
③ 写真だけでは伝わらないことはキャプションでしっかりと伝える

旅先の事前リサーチは怠りません。写真はタイのワイナリーでの1枚。事前に風景を確認し、それに合わせてグリーンのニットワンピースを持参して撮影しました

どのアイテムを見せたいかによって合わせるアイテムを考えます。写真のようにデニムをメインに見せたいときは、デニムを引き立たせる名脇役の白トップスにして、ポイントで赤いパンプスをスタイリング。そうすることで、主役のデニムを際立たせて素敵に見せることが可能です。「何を見せたいか」を明確にすることがポイントのひとつです

NYの都会的な雰囲気に合わせて、オールブラックにスニーカーをチョイス。コートをメインとした写真にするために、背景は抜けのある広い道路を選びコーデが際立つようにしたことがポイントです

Comment
@kumi511976さんのアカウントはすっきりとした情景で撮った写真が多いので、トップページからコーディネートに目がいきやすいです。また、キャプションにコーディネートで意識したディテールや、トレンドのポイントが記載されているので、ユーザーが求める情報が詰まっています。

Influencer

@nosekoji

本名・能瀬皓次。フリーランス美容師。Instagramフォロワーは5.1万人。サロン勤務の美容師の経験を経て、2017年独立。Instagramを通して1日20〜30人のお客様に対応する。

アカウントを通じて、自身の技術を広く発信 フリーランス美容師という新しい働き方を提案

―Instagramを始めたきっかけを教えてください。また、いつ頃始められましたか？

情報のツールとして使おうと思って2014年にアプリをダウンロードしました。今まではサロン単位で集客していましたが、Instagramを始めたおかげで個人として発信できるようになりました。

―始めた当初の反応はどうでしたか？

2年くらい毎日投稿していましたが、フォロワーは一向に増えませんでした。しかし、自分の顧客向けにスタートしたヘアスタイリング動画を始めたのがきっかけで、1カ月で1万人から2万人増えたのには驚きでしたね。

―フリーランス美容師とは何ですか？　また、メリットを教えてください。

フリーランス美容師とは、キャリアがある美容師がサロンに所属せず、サロンワークができる場所を借りて、そちらで施術する新しい仕事の仕方になります。サロンに所属していないので、働いた分収入を得ることができます。

―フリーランスの美容師として働く上で、どのようにInstagramを利用しているか教えてください。

Instagramを通して発信しているのは「再現性」です。お客様が来店されたときの仕上がりを再現してもらうために、いつでも簡単にスタイリングできるということを大事にしています。

アレンジ動画については、どれだけ簡単にできるかを追求しました。自分のアカウントからどのような情報を得られるか、を考えて作っています。すごく凝った動画より、「めっちゃ簡単！」と思ってもらえる動画のほうがヒットするんです。

―意識的に入れているハッシュタグはありますか？

中国でセミナーをしていることもあり、中国語のハッシュタグを入れています。韓国からのお客様も増えているので、同じく韓国語も。多くの国の方に日本のサロン技術を知っていただく良いきっかけだと思っています。これも今の時代だからこそ、できることですよね。

また、ユーザーの大きいフレーズを入れて人気投稿に入るよう意識しています。15〜16時のゴールデンタイムを狙って、人気投稿に入ると、爆発的にフォロワーが増えることがあります。

―ビジネス視点で、Instagramの戦略性について考えられていることを教えてください。

Instagramを通して、今までサロン単位で動いていたことが個人としてできるようになったことが一番の大きな進歩だと思います。たとえば、街中でしていたサロンモデルのハントだってInstagramを通してできる。美容師の成長のスピードをすごく上げてくれるツールでもあるんです。

自分で発信することで、それが当たればお客様も増えるし、モデルだって見つかる。フリーランスで動く美容師がこれから増えると確信しています。

―最近利用しているInstagramの機能はありますか？

自分がプロデュースしている商品のPRについてもこれからInstagramを利用しようと思っています。ストーリーズでリンクを飛ばしたり、Shop Nowの機能で購入の動線を作ったりするなど。Instagramを通してサロンワーク以外に広がりを持たせたいですね。本当に何でもできる画期的なツールだと思います。

―今後Instagramを通して、挑戦したいことはありますか？

今まではサロンが一番の力を持っていました。美容師もサロン単位でしたが、僕みたいに個人が情報を発信し、個人で動ける範囲が広がっていくと、やはり利益を確実に増やすことができます。

個人としてこれだけ動けることを証明できたので、フリーランスで動く美容師を集めて、美容師の地位向上に向けて動きたいです。

Comment

@nosekojiさんはユーザーが簡単に再現できるような動画コンテンツをアップしながら共感を得る部分とハッシュタグやInstagramのさまざまな機能を上手に活用することで顧客との接点を増やしています。また、Instagramでも個人の発信が可能になったことで、新しい働き方を作ることができるようになったと感じているそうです。Instagramを使って美容師業界の新しい働き方を作ろうとする意識に筆者自身興味を持っています。これからInstagramを利用して発信される「フリーランス美容師」の方が増えることも楽しみです。

Influencer

@furuzyo

本名・片石貴展。「古着女子」アカウント運営、株式会社yutori代表。ITベンチャーで新規メディアの立ち上げ事業を担当。副業として「古着女子」のアカウントを開設。開設後5カ月でフォロワー数は10万人を突破。

Instagramとファッションの相性に気づき初期投資0円のインスタ起業に成功！

—まず「古着女子」のアカウントを開設されたきっかけを教えてください。

自分自身がInstagramと古着のファッションが好きだったこともあるのですが、古着が好きな子に対してのメディアが少ないことをずっと感じていました。前職にいたときに、「やってみるか」という勢いで始めたことがきっかけです。好きなものを試しにやってみよう、という感覚でした。

—なぜ「古着」に注目したのですか？

古着の魅力はセンスが試されるファッションだと僕は思っていて、たとえばスエットひとつにしても、着こなし次第では寝間着に見えてしまう。古くて野暮ったいものを、自分のセンスを通して表現するのは、ファッションの感度が高くないと成立しない。そこに面白さを感じました。

知りたいのに情報がないものを取り扱うメディアは伸びると思っていたのと、他にやっている人がいなかったので、古着に特化したメディアに決めました。

—アカウントにこれほど需要があった理由は何だと思いますか？

街にある古着屋は結構入りにくい場所でもあるんですよね。原宿系の雑誌が廃刊して、古着を扱うメディアがなかった間、古着に対してアクセスする通路がない状態が続きました。その通路がない間に現れたのがInstagramだったんです。

最近人気のアーティストも古着を着ていて、「古着ってかっこいい！」という風潮が生まれたこともあり、古着ブームが再来。興味を持った情報へのアクセスをInstagramが簡易化してくれたからだと思います。

—通常の投稿やストーリーズ発信など情報の出し方で工夫されていることはありますか？

世界観をいかに狭く作るかが大事なので、通常の投稿はバストアップの古着コーディネートで統一しています。ストーリーズはハイライトで種類ごとに切り分けられているので、メディア色が強いですね。スナップ写真や編集部一押しの写真をアップするなど、雑誌の企画のようなコンテンツを出しています。

またストーリーズとしてアップするときは、その特性上、単純に邪魔にならないけれどワクワクするような情報として発信するよう意識しています。

―フォロワーの反応が良い投稿には仕掛けがあるものですか？

通常のファッションアカウントであれば、顔を出してルックス、ファッション両方が整っている子が注目されやすいですが、古着女子では顔から下だけのコーディネート写真を投稿することにより、顔から上の要素を消しました。その結果、純粋に古着のコーディネートについて興味・関心のある、純度の高いユーザーが集まり、さらにユーザーの投稿意欲をかき立てました。

結果、閲覧者兼投稿者が爆発的に増加し、エンゲージメントの高いコミュニティとなりました。「＃フルジョ」での投稿は現在10.2万件（2019年1月現在）ほど確認することができます。

―アカウントでリグラムしているのは、アカウントで扱う商品を入れていない写真ですが、その理由を教えてください。

@furuzyoでは、弊社の取扱商品とは関係のない、古着のおしゃれな着こなしの写真のみです。ユーザーにはアカウントに対して期待値があります。自分たちの利害関係がなく、単純に「かわいい」と思ってコーディネートをアップするという前提がある中で、僕たちが売りたいものを出したときに、そこには僕たちの思惑が込められることになります。ユーザーと信頼関係を築きたかったので、不快に思われないためにも、通販用のアカウントは分けて運営しています。

―今後Instagramで仕掛けたいこと、発信したいことはありますか？

IGTVですね。ファッションは動画と相性がいいと思うし、動画というフォーマットは人の時間を奪える場所であると思っています。InstagramもIGTVでPRをしていくので、すでに準備はしています。海外のルックブックのようなものに音楽を乗せながら、テンポ良くファッションを見せていこうと思っています！

> **Comment**
> 古着というニッチなゾーイングだからこそ、Instagramとの相性が良いんだと感じられます。通常の1投稿と、ストーリーズの使い分けもInstagramユーザーの気持ちに寄り添った内容となっており、参考になります。またビジネス（EC）につながるアカウントとメディアとなるアカウントを分けて管理することで、ユーザーからの信頼関係を築かれているのも素敵です。

おわりに

　さて、遡れば10年以上前の私の話です。当時大学生だった私は、地元の名古屋で「名古屋嬢」（髪型やネイルやファッション美容）を発信するブロガーとして日本全国大学生ブログランキングで1位を獲得しました。今思えば恐ろしい内容の派手なブログですが、自分自身の好きなことやリアルに起きた内容を自分自身の言葉で毎日綴り、ブログという場所で全力で表現していました。

　名古屋では歩いていれば見知らぬ誰かから話しかけられることも増え、ブログ上のコメントでユーザーとのコミュニケーションを持つこともありました。

　企業とのタイアップによる商品開発や商品のプロモーション企画をさせていただいていく中で、個人のメディアからインターネットやSNS上での拡散を作ることができることを、その頃確信しました。

　自分自身の趣味趣向と時代が変化するにつれ、上京し"名古屋嬢コンテンツ"を卒業すると同時に、私はブログを閉鎖してしまいましたが、このような経験が現在の私のビジネスを展開する根幹になっているのだと思います。

　2011年9月、私はブログやSNSなど"個の発信力"を使って企業のプロモーションのお手伝いをする会社として、株式会社Mint'z Planningを立ち上げました。

　当時からインターネットでの個人の発信力のパワーを実感していましたが、それ以上に"誰が""誰に向けて""どのように"プロモーションするのかという「企画」が最も重要であると感じていたので、「プランニング」という言葉を社名に入れています（ミンツについては私のあだ名が由来です）。

　SNSを企業のプロモーションとして活用できると思い、2015年からInstagramを使ったプロモーションサービスとインフルエンサーマーケティングを本格的にスタート。今では年間800案件以上の企業様のお手伝いをしています。

　最初の頃は、「フォロワー数の多いインフルエンサーに自社の商品をPRしてほしいです」といった相談がとても多く、いかにフォロワー数の多いインフルエンサーに自然に商品を紹介してもらえるか、という施策を行っていました。

　しかし、実際には同じフォロワー数の人に商品を紹介してもらっても、クリエイティブの質やそのインフルエンサーの属性によってプロモーションの結果に大きく差が開くという事実がデータによって明らかとなったのです。単にフォロワーが多ければいいという問題でないことがわかりました。

実際にインフルエンサーマーケティングでは、インフルエンサーのフォロワーの属性（同じ境遇や趣味の人をフォローする傾向にあるので、基本的にインフルエンサーと似たような属性がフォロワーにいるといわれています）とプロモーションしたい商品の伝え方を、いかに合わせていけるかが非常に重要であるといえます。また、ユーザーの興味・関心を惹くクリエイティブであることも重要です。

　Instagramはインフルエンサー側にとっても自分自身の表現の場であるため、セルフブランディングに合わない仕事は受けてもらえないこともあります。

　いかに良質なクリエイティブをインフルエンサーに作ってもらえるか、またより精度の高いマッチングができるのか、というのがこのマーケティングにおける重要なポイントになってくるので、弊社ではインフルエンサー（現在登録者数約2,000名）が能動的に働ける仕事の管理アプリを開発しています。インフルエンサーのデータを構築し、投稿内容やフォロワーの属性をAIで分析しています。

　最近では、Instagramの公式アカウントの運用とセルフサーブ型広告の運用代行を依頼されることも増え、現在100社程度の公式アカウントを運用させていただいています。昨今はハイブランドもInstagram広告を運用していますね。広告視点でプロの方が見ると、「本当にこれがあの世界的に有名な企業の広告なの？」という質の広告も多数あるかと思います。それはある意味ハイブランドだからこそユーザー視点に寄り添った結果の広告クリエイティブであるのだと思います。

　私は、プロのカメラマンでもプロのインスタグラマーでもありません。本書を手にとってここまで読んでいただいた皆様、こんな私の本を読んでくださってありがとうございます。ただひとつ自信を持っていえるのは、私はInstagramのヘビーユーザーです。そして私の会社にはそんなプロのInstagramヘビーユーザー2,000名以上の登録メンバーがいて、毎日多くの時間をInstagramで過ごしているということです。

　ここでもう一度思い出してほしいのは、Instagramはユーザーの場所であるということ。つまり、マーケティングに使うときも一方的に伝えたいPRや広告ではなく、ユーザー視点でのストーリー作りやクリエイティブ作りでユーザーから愛されるかどうかが非常に重要だということです。本書でさまざまな手法や事例をご紹介しましたが、Instagramで発信する内容に正解はありません。つまりプロモーションやビジネスでのInstagramの発信方法もどこにも正解はないのです。

　だからこそ面白いと思いませんか？

「昨日ユーザーが気になっていたのは何か」
「今ユーザーが何を求めているのか」
「明日ユーザーは何を見たいのか」
「次にユーザーが興味を示すトレンドは何なのか」

　分析や予測に自分の商品やサービスの良さを乗せていく。それが独自のブランディングとなり、話題になってたくさんの人の手に渡り、さらにたくさんの人がまた次のユーザーに伝えていく……。

　プロモーションやクリエイティブを制作するにあたって、特殊な能力や超有名なフォトグラファーや超ハイクオリティの動画を作るといったことではなく、「ユーザーにとって興味があることを自分らしく伝えていく」。ビジネスでInstagramをマーケティングツールとして使う際、どこまでいっても一番大事なのはユーザー視点であると考えています。

　突然ですが、ここで質問です。
「あなたにとって"人生"とはどんなものですか？」

　私にとって"人生"とは本当に美しいものです。究極のオリジナリティで、究極のクリエイティブであると思っています。

　そんな自分の人生の一部を切り取って写真と文字で表現できる場所がInstagram。これは"人"以外（サービスや商品）でも同じです。Instagramでは、いろいろな人（やサービスや商品）の人生が毎日たくさんの投稿から垣間見ることができます。

「日常生活の中であったらいいな」「こんな憧れの場所に行きたいな」「どんな想いでその写真が投稿されたのかな」そんなことがしっかりと伝わる愛されるクリエイティブであふれてほしいと思っています。

　最後になりましたが、この本を書くにあたってたくさんの方々にご協力いただきました。この本の執筆のお話をくださった株式会社翔泳社の長谷川和俊氏、ライターの角田枝里香氏、取材にご協力いただいた企業様、インフルエンサーの皆様、最後に日頃たくさんの実績を作ってくれている弊社のメンバーそしてプレスの野原遥と秘書の樋口千裕。皆の協力でこのような本を出版できたことに感謝します。

2019年2月　金本 かすみ

■ご協力いただいたアカウント一覧（※本書登場順）

@nao_may18
@chinamitakano
@ruriyume_54
@y_u_m_i_e_4_6
@yuco_ushi
@chiicamera
@_katomiduki
@sayaka_0102
@erinanakata
@mamie108
@ayakokida
@yuyuchang.c
@anriwold
@erina_note
@noharu1021
@mikapu0519
@moyamoya2121
@sakiiiya
@kumi511976
@nosekoji
@furuzyo

会員特典データのご案内

　本書の読者特典として、物撮りをする際に役立つ「おしゃれシート」をご提供致します。
　会員特典データは、以下のサイトからダウンロードして入手いただけます。

https://www.shoeisha.co.jp/book/present/9784798157177

●注意
※会員特典データのダウンロードには、SHOEISHA iD（翔泳社が運営する無料の会員制度）への会員登録が必要です。詳しくは、Webサイトをご覧ください。
※会員特典データに関する権利は著者および株式会社翔泳社が所有しています。許可なく配布したり、Webサイトに転載することはできません。
※会員特典データの提供は予告なく終了することがあります。あらかじめご了承ください。

INDEX

アルファベット

Adobe Photoshop Fix	079
CPC	137
CPI	138
CPM	137
CPV	138
CREEP	013
Facebook	016
Facebookの友達を検索	021
Foodie	083
GIFスタンプ	106
IGTV	120
InstaSize	081
Insta-tool	032
KPI	040
Layout from Instagram	088
Meitu	085
Repost for Instagram	123
Shop Now	054
Spring	084
Touch Retouch	080
Twitter	017
UNUM	086
VSCO	082
WOMJ	136

あ行

アイコン	020
アカウントテーマ	023
アカウントの作り方	020
アクティビティ	047
足跡機能	099
アンケート投票機能	107
位置情報	053, 103
インサイト	047
──の確認	049
インスタグラマー	129
インスタライブ	118
インフルエンサー	129
インプレッション数	051
運用ルール	042
エッジランク	016
閲覧者数のカウント	100
絵文字スライダー	110
エンゲージメント	041
オーディエンス	049

か行

カウントダウン	106
カルーセル広告	141
関連ハッシュタグ	042

気温 104
キャプション 028
キャンペーン 122
広告 012, 137
　──の作成 138
公式アカウント 010, 036
　──の運用 039
個人情報 025
コンテンツ 049

さ行

ジオタグ 033
時刻 105
質問スタンプ機能 108
写真広告 140
写真の投稿 026
ショッピングチャンネル 058
ステッカー 101
ストーリーズ 050, 092
　──のアーカイブ機能 096
　──の公開範囲 098
　──の撮影モード 094
　──の投稿の削除 095
　──の投稿の保存 096
　──のリストに友達を追加 098
　──を非表示 099
ストーリーズ広告 143

た行

テスト投稿 029
動画 090
動画広告 141

は行

ハイライト 113
ハシュレコ 033
ハッシュタグ 030, 102
ハッシュタグキャンペーン 127
ハッシュタグ検索 002, 011, 030
パワーインスタグラマー 129
ビジネスプロフィール 020, 044
フィルター 028
フォローアップキャンペーン 127
フォロワー数 041
フォロワーの獲得 052
ブランドコンセプト 040
プロフィール 023
ペルソナ 039

ま行

マイクロインスタグラマー ……130
メッセージへの返信 …………100
メンション ……………………053
モニターインスタグラマー ……132

や行・ら行

ユーザーネーム ………………021
リーチ率 ………………………016
リグラムキャンペーン ………122
リプレイ動画 …………………120
リポスト ………………………111

本書内容に関するお問い合わせについて

このたびは翔泳社の書籍をお買い上げいただき、誠にありがとうございます。弊社では、読者の皆様からのお問い合わせに適切に対応させていただくため、以下のガイドラインへのご協力をお願い致しております。下記項目をお読みいただき、手順に従ってお問い合わせください。

●ご質問される前に

弊社Webサイトの「正誤表」をご参照ください。これまでに判明した正誤や追加情報を掲載しています。

　　　　　正誤表　https://www.shoeisha.co.jp/book/errata/

●ご質問方法

弊社Webサイトの「刊行物Q&A」をご利用ください。

　　　　　刊行物Q&A　https://www.shoeisha.co.jp/book/qa/

インターネットをご利用でない場合は、FAXまたは郵便にて、下記"翔泳社 愛読者サービスセンター"までお問い合わせください。
電話でのご質問は、お受けしておりません。

●回答について

回答は、ご質問いただいた手段によってご返事申し上げます。ご質問の内容によっては、回答に数日ないしはそれ以上の期間を要する場合があります。

●ご質問に際してのご注意

本書の対象を越えるもの、記述個所を特定されないもの、また読者固有の環境に起因するご質問等にはお答えできませんので、予めご了承ください。

●郵便物送付先およびFAX番号

送付先住所	〒160-0006　東京都新宿区舟町5
FAX番号	03-5362-3818
宛先	（株）翔泳社 愛読者サービスセンター

※本書に記載されたURL等は予告なく変更される場合があります。
※本書の出版にあたっては正確な記述につとめましたが、著者や出版社などのいずれも、本書の内容に対してなんらかの保証をするものではなく、内容やサンプルに基づくいかなる運用結果に関してもいっさいの責任を負いません。
※本書に掲載されているサンプルプログラムやスクリプト、および実行結果を記した画面イメージなどは、特定の設定に基づいた環境にて再現される一例です。
※本書に記載されている会社名、製品名はそれぞれ各社の商標および登録商標です。
※本書の内容は、2019年1月1日時点のものです。
※本書は下記のバージョンに基づいて執筆しています。
- Instagram 76.0
- iOS 12.1.2

著者プロフィール

金本 かすみ（かねもと・かすみ）
株式会社 Mint'z Planning（ミンツプランニング）代表取締役。
1986年生まれ。名古屋市出身。大学在学中にブロガーとして執筆をしながら女子大生メディアを構築。東京ガールズコレクションのキャスティングチームを経て、2011年株式会社 Mint'z Planning設立。現在は自身がブロガーだった時代の困りごとを解決できるアプリを開発することで、インフルエンサーが能動的に働きたくなる仕組みを導入。20代〜30代のトレンドに敏感な女性の採用と教育に力を入れ、ユーザー・生活者視点での「愛される」企画の立案と運営を行う。SNSを使ったマーケティングを中心に数々のプロモーションで流行を生み出している。

Instagramアカウント @kasumingram
@mintzplanning

編集協力	角田枝里香
装丁・本文デザイン	大城真百理
DTP	一企画

Instagram集客・販促ガイド
（インスタグラム）
ビジュアルで"買いたい"をつくる！

2019年2月18日　　初版第1刷発行

著者	金本 かすみ（かねもと）
発行人	佐々木 幹夫
発行所	株式会社 翔泳社（https://www.shoeisha.co.jp）
印刷・製本	株式会社 廣済堂

©2019 Kasumi Kanemoto

本書は著作権法上の保護を受けています。本書の一部または全部について（ソフトウェアおよびプログラムを含む）、株式会社 翔泳社から文書による許諾を得ずに、いかなる方法においても無断で複写、複製することは禁じられています。
本書へのお問い合わせについては、179ページに記載の内容をお読みください。
落丁・乱丁はお取り替え致します。03-5362-3705までご連絡ください。

ISBN978-4-7981-5717-7　　　　　　　　　　　　　　Printed in Japan